机械制图与识图习题册

主　编　胡华丽　陈伟珍

副主编　周　涛　邓岐杏　叶继新

参　编　陈炳森　黄淑芳　黄世集　伍　玥

主　审　梁建和

北京理工大学出版社
BEIJING INSTITUTE OF TECHNOLOGY PRESS

1.1　字体练习

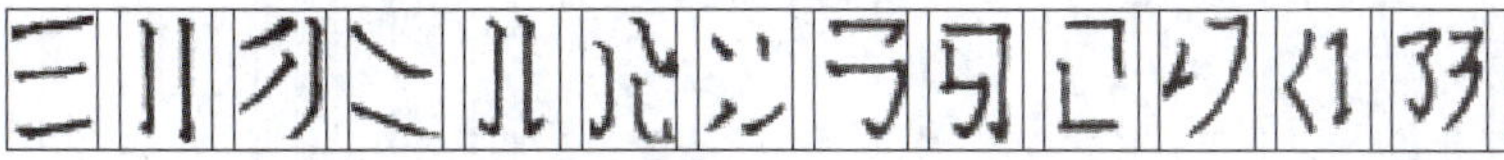

土千大七

化孔戈长逐忘务同写区因好说允约沉限

大学院校系专业班级制描图审核序号名称材料件数备

大学院校系专业班级制描图审核序号名称材料件数备

Ⅰ Ⅲ Ⅳ Ⅴ Ⅵ Ⅸ Ⅹ

$\alpha\ \beta\ \gamma\ \delta\ \theta\ \mu\ \pi\ \sigma\ \varphi\ \phi$

班级：

姓名：

学号：

0123456789φ

0123456789φRM

0123456789

0123456789R

ABCDEFGHIJKLMNOPQRSTUVWXYZ

0123456789φ

abcdefghijklmnopqrstuvwxyzαβχδεφτδπλθηω

班级：　　　　姓名：　　　　学号：

1.2　图线练习，在指定位置抄画图线

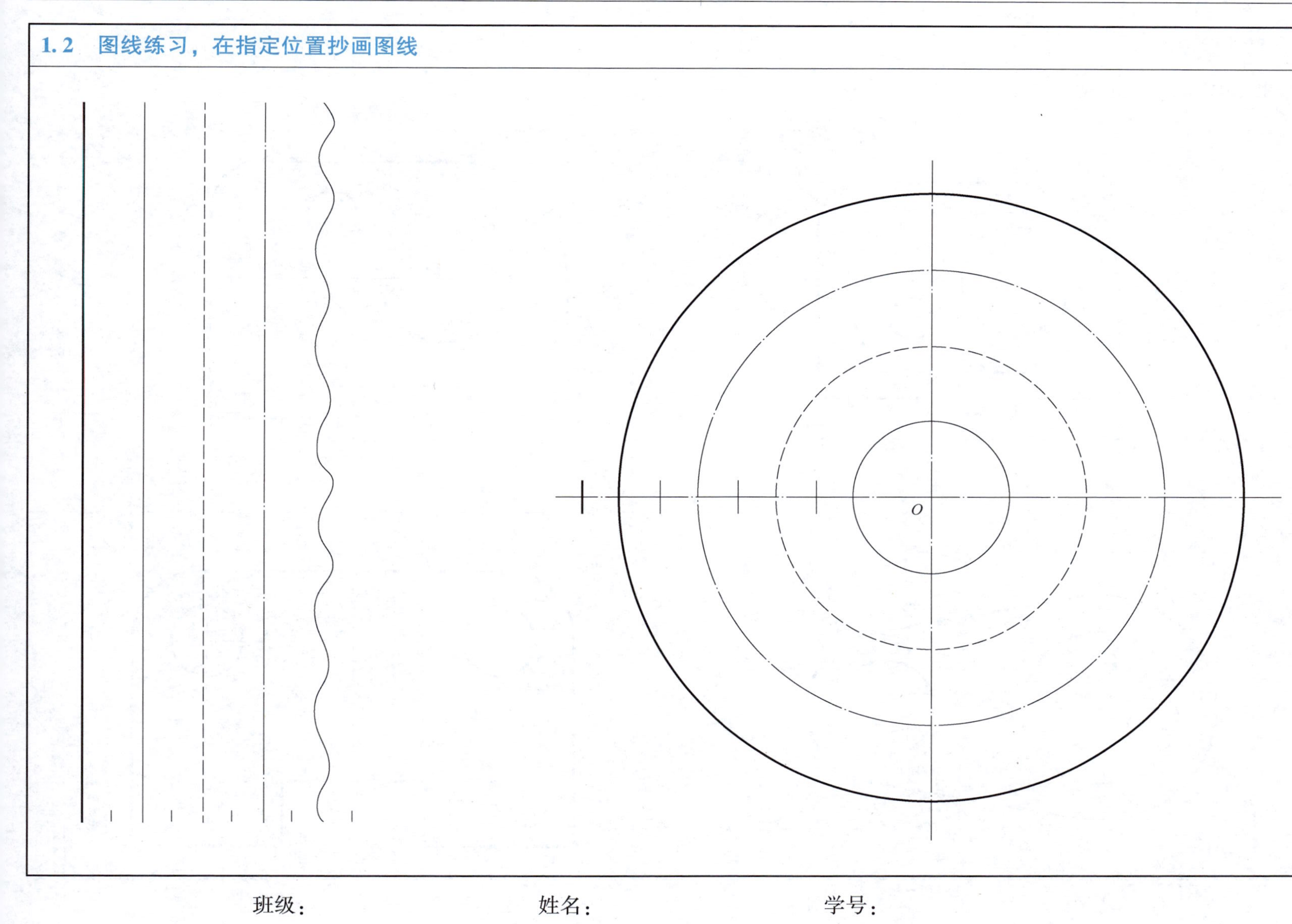

班级：　　　　姓名：　　　　学号：

1.3 尺寸标注

1. 指出图中标注错误的地方并在相应的图上正确标注

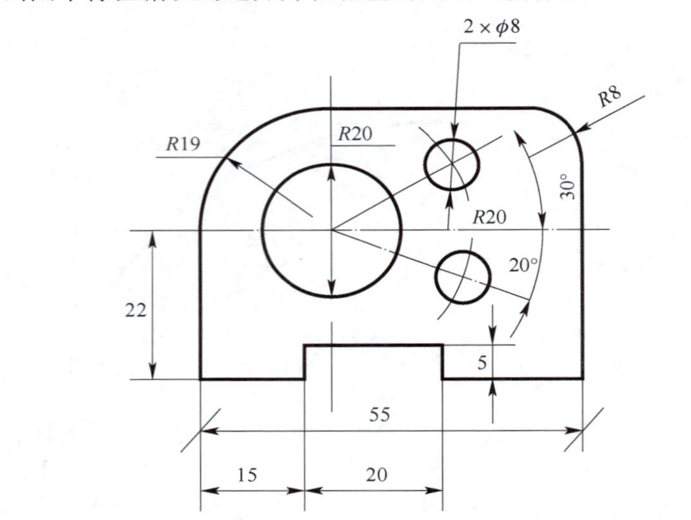

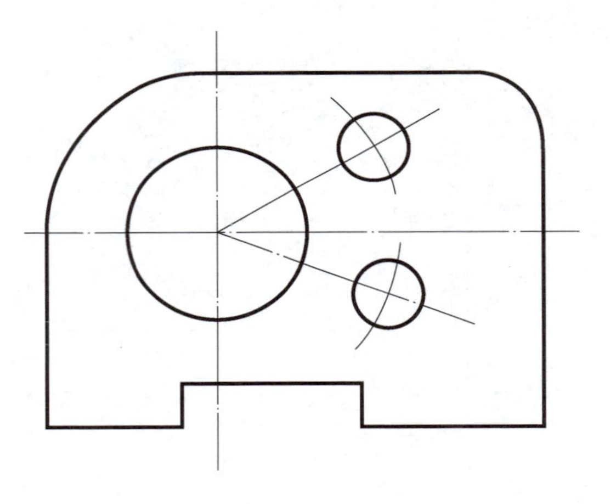

2. 在下图中标注尺寸

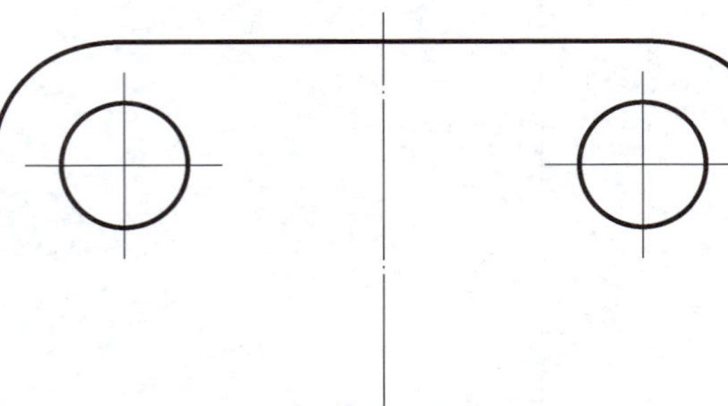

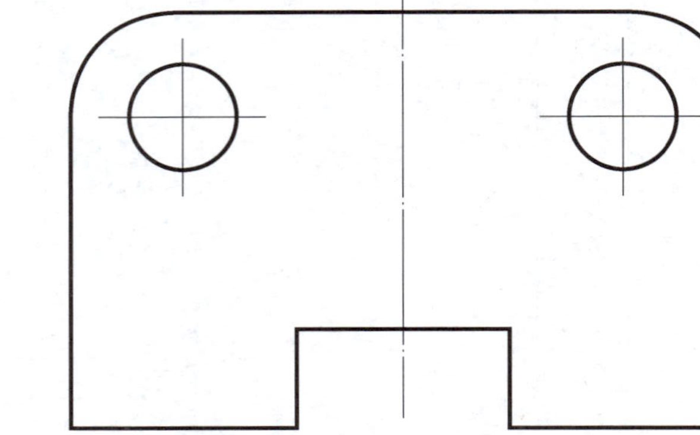

班级：　　　　姓名：　　　　学号：

1.4　几何作图。根据图上尺寸 1∶1 画图

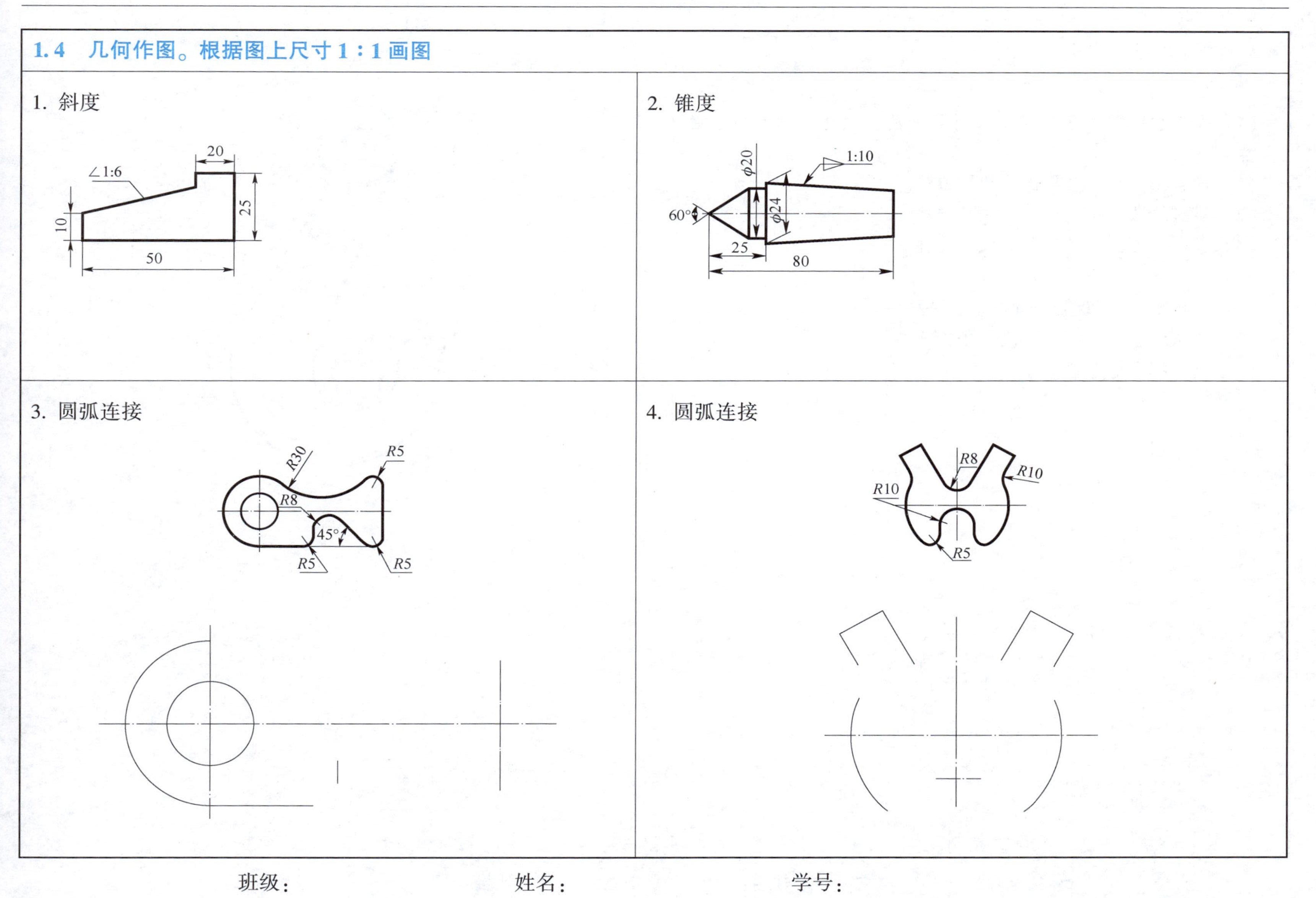

班级：　　　　姓名：　　　　学号：

1.5 抄画平面图形

1. 目的

（1）初步掌握国家标准《技术制图》及《机械制图》的有关内容。

（2）学会绘图工具及仪器的使用方法。

（3）掌握线段连接的作图方法和技巧。

（4）掌握平面图形的绘制及尺寸标注。

2. 内容：

（1）按尺寸 1∶1 绘制平面图形，并标注尺寸。

（2）用 A4 图纸作图，自定绘图比例。

（3）画图框和标题栏。

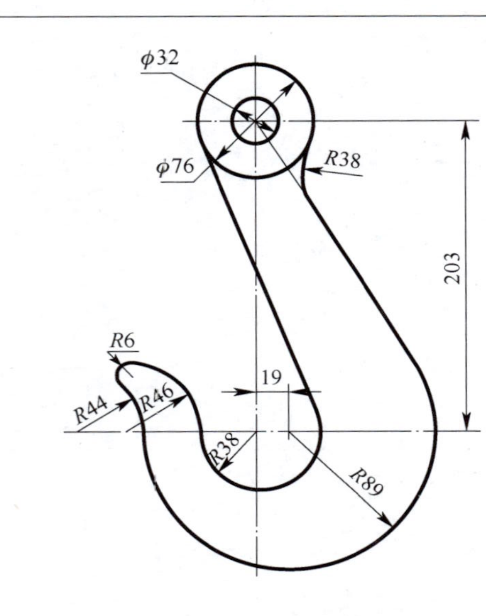

班级：　　　　姓名：　　　　学号：

2.1　根据给定的三视图找对应的轴测图，将号码填入小括号内

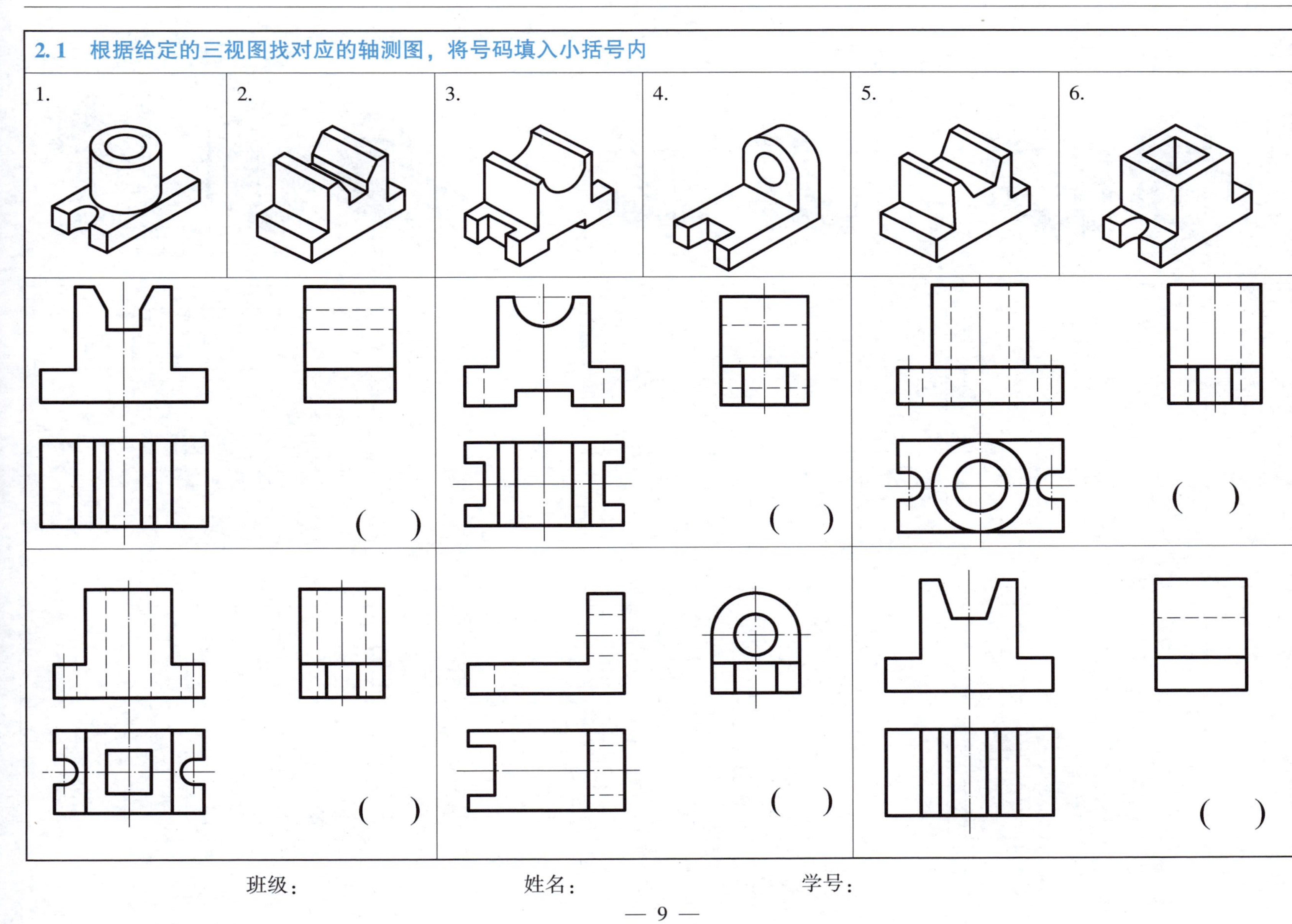

班级：　　　　姓名：　　　　学号：

2.2 根据轴测图，徒手画出三视图（比例约 1∶1）

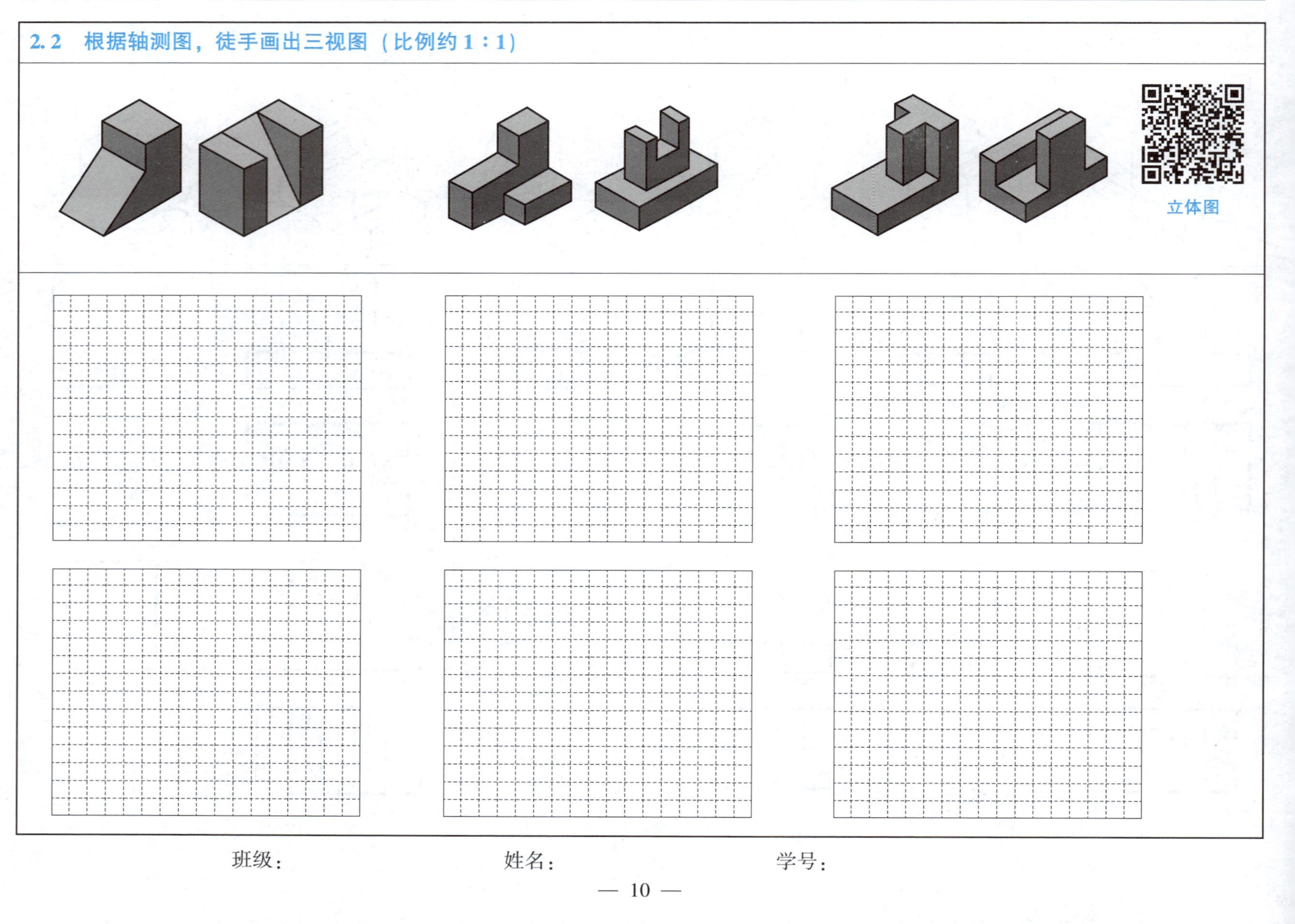

班级：　　　　姓名：　　　　学号：

2.3　根据轴测图作出平面立体的三视图（尺寸从轴测图中量取，比例 1∶1），并标出点 *A*、*B*、*C* 的投影

1.

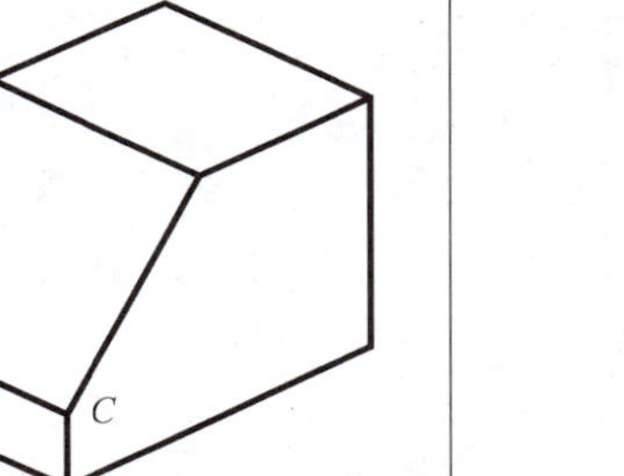

2.

立体图

2.4　标出直线 *AB*、*CD* 的第三投影，并在立体图中标出端点 *A*、*B*、*C*、*D* 的位置

AB 是________线，*CD* 是________线

AB ________*V*，________*H*，________*W*

CD ________*V*，________*H*，________*W*

2.5　标出直线 *AB*、*CD* 的第三投影，并在立体图上标出 *A*、*B*、*C*、*D* 各点的位置

AB 是________线，*CD* 是________线

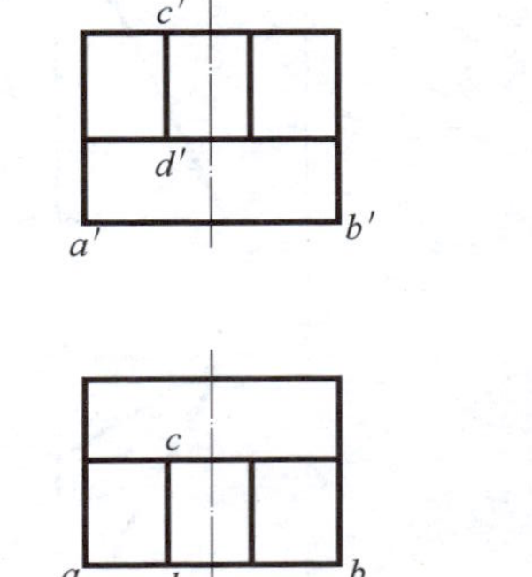

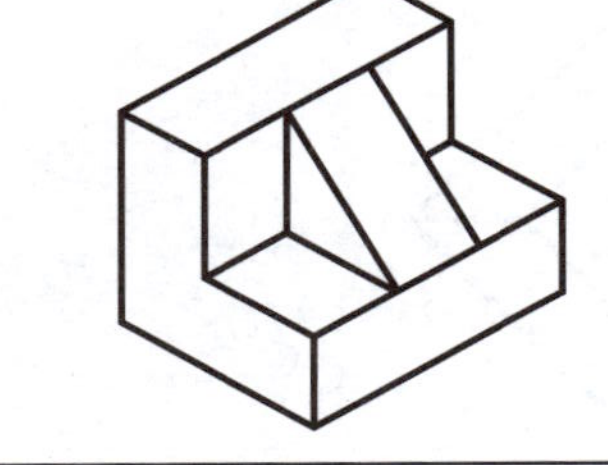

2.6 平面立体的投影

1. 已知三棱柱的两个投影，求第三投影

2. 已知五棱柱的两个投影，求第三投影

3. 已知六棱柱的两个投影，求第三投影

4. 已知四棱台的两个投影，求第三投影

5. 已知三棱锥的两个投影，求第三投影

6. 已知立体的两投影，求第三投影

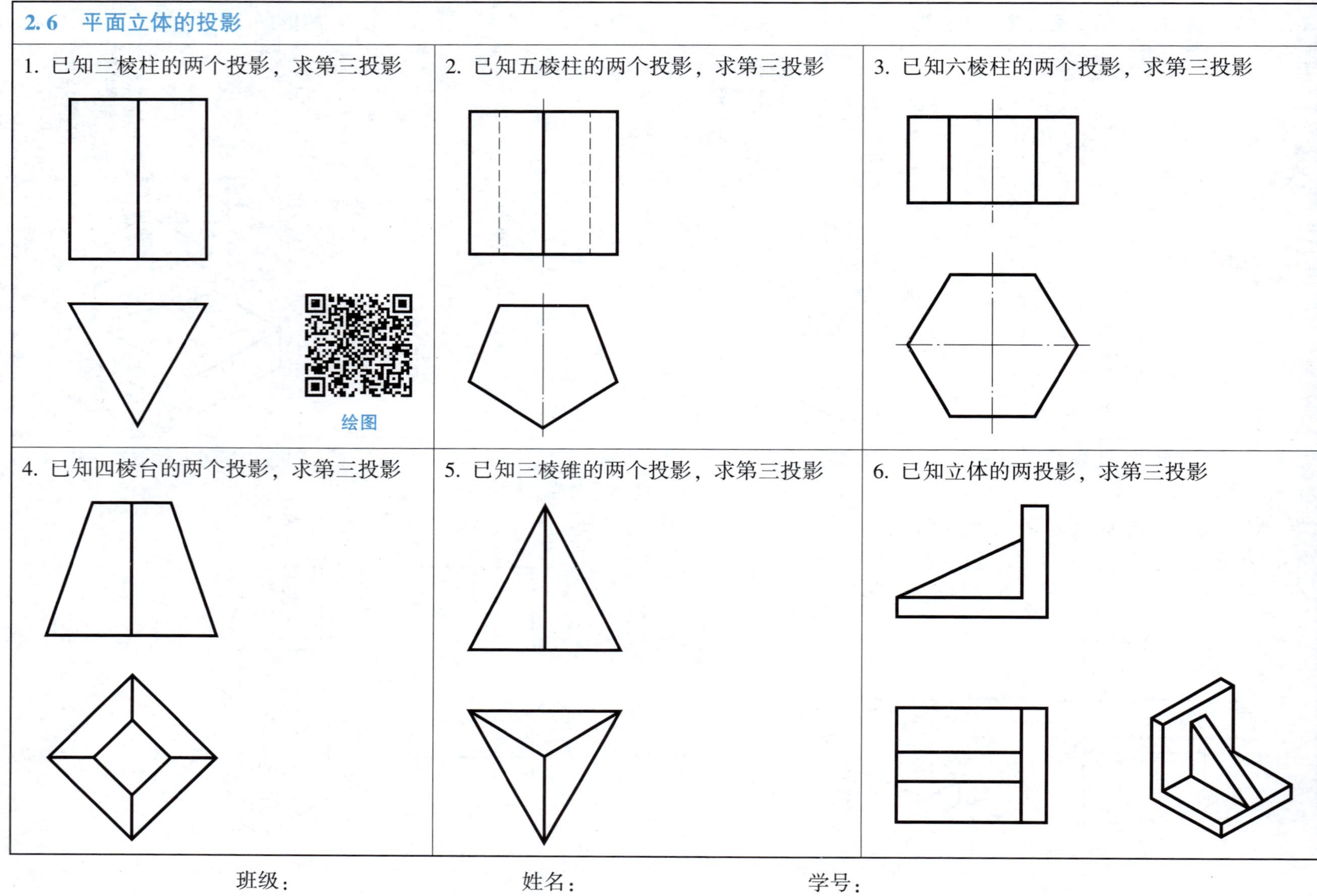

班级：　　　　姓名：　　　　学号：

2.7　曲面立体的投影

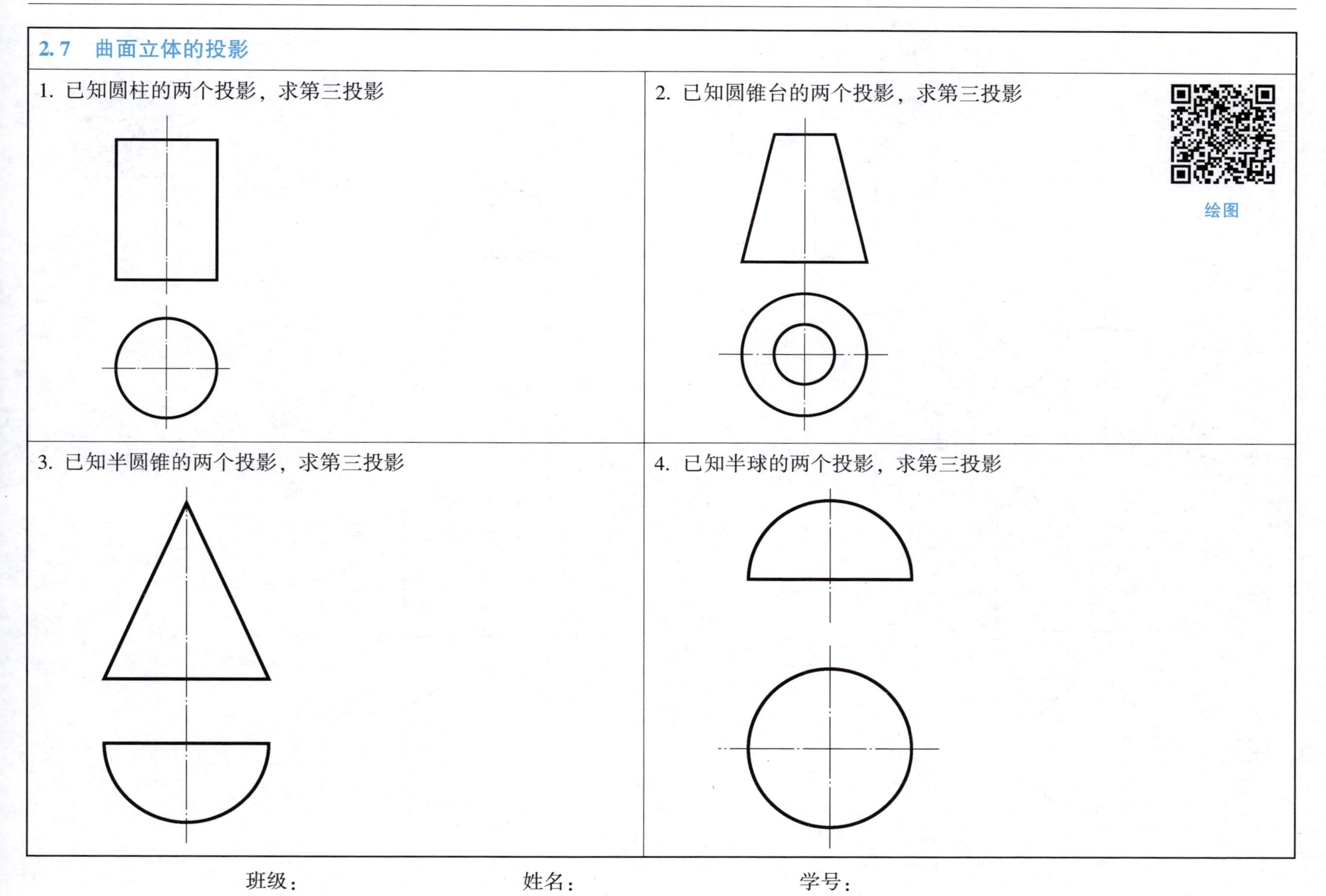

班级：　　　　姓名：　　　　学号：

2.8 截交线。已知立体切割后的两个投影，求第三投影

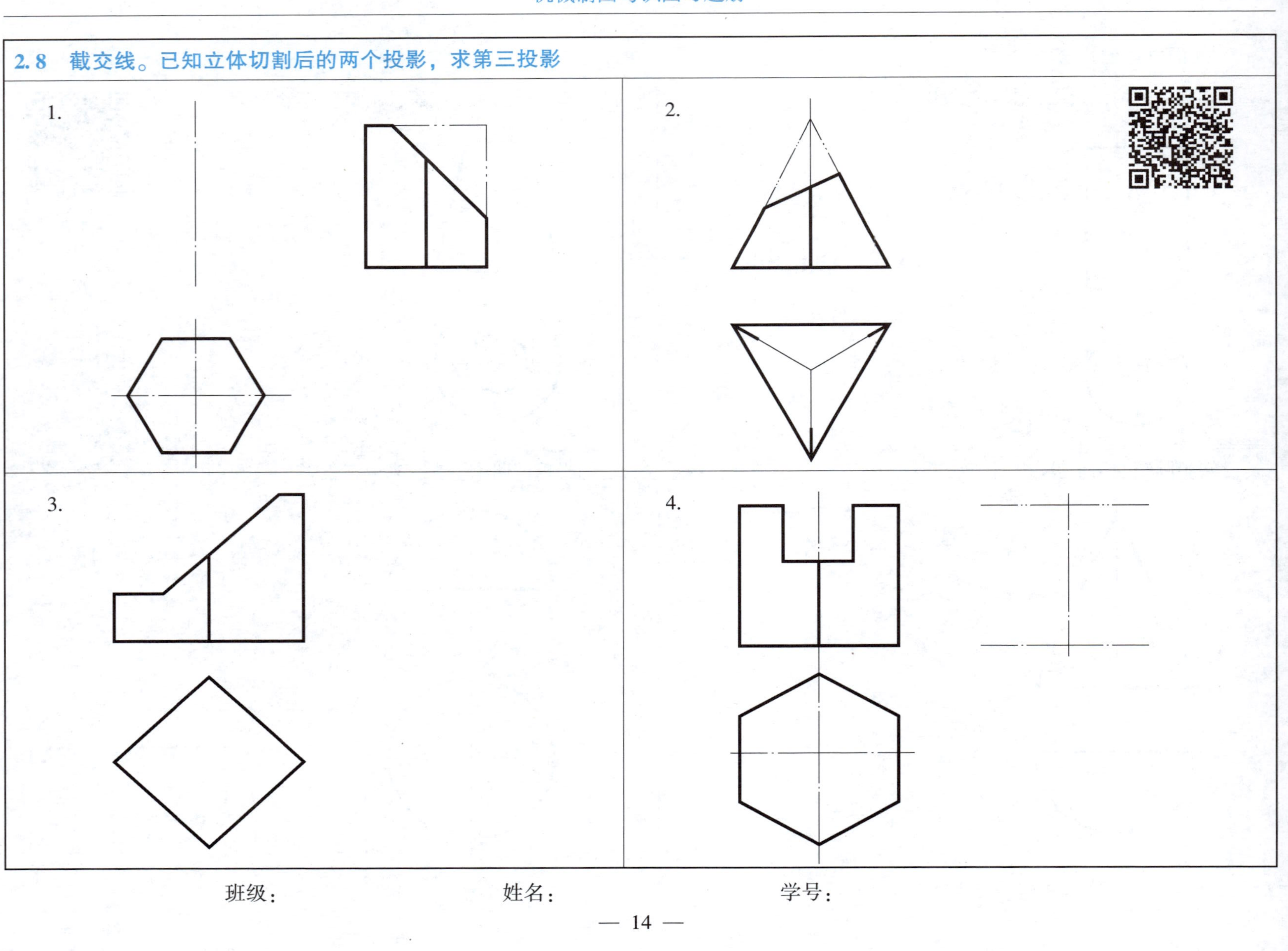

班级：　　　　姓名：　　　　学号：

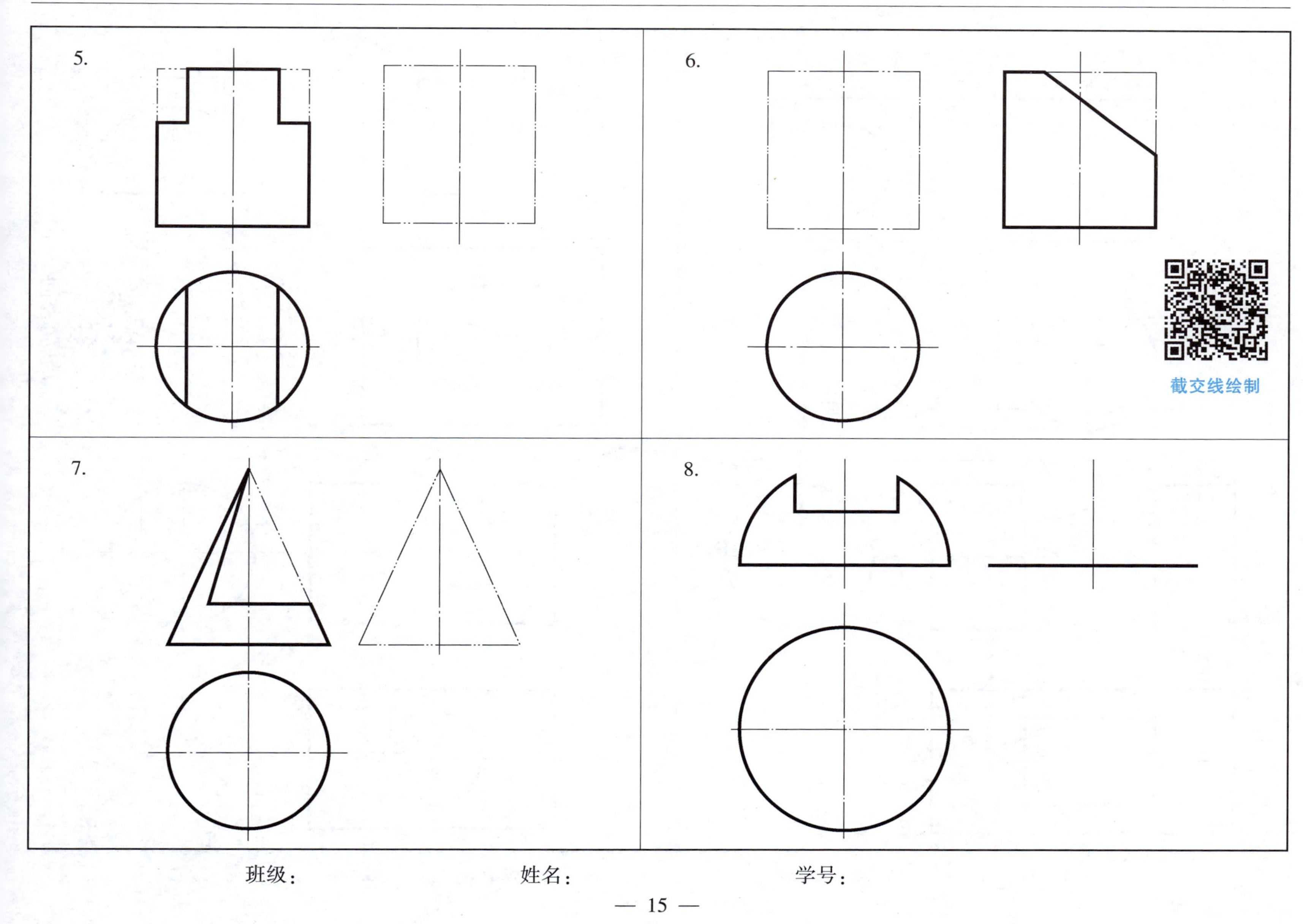

班级：　　　　　　姓名：　　　　　　学号：

2.9 相贯线。补画三视图中所缺的图线

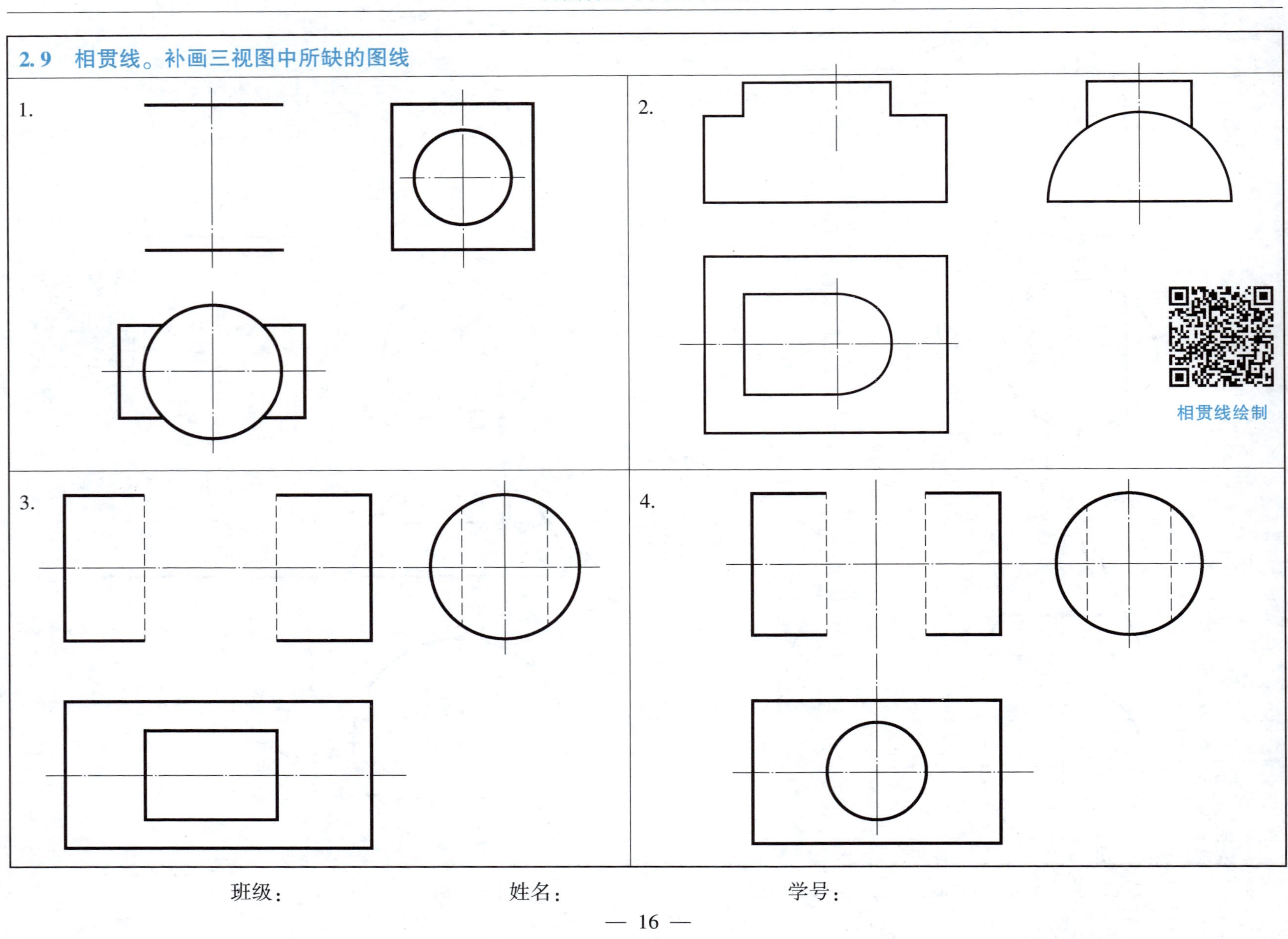

班级：　　　　姓名：　　　　学号：

2.10　根据相贯立体的两个视图画第三视图

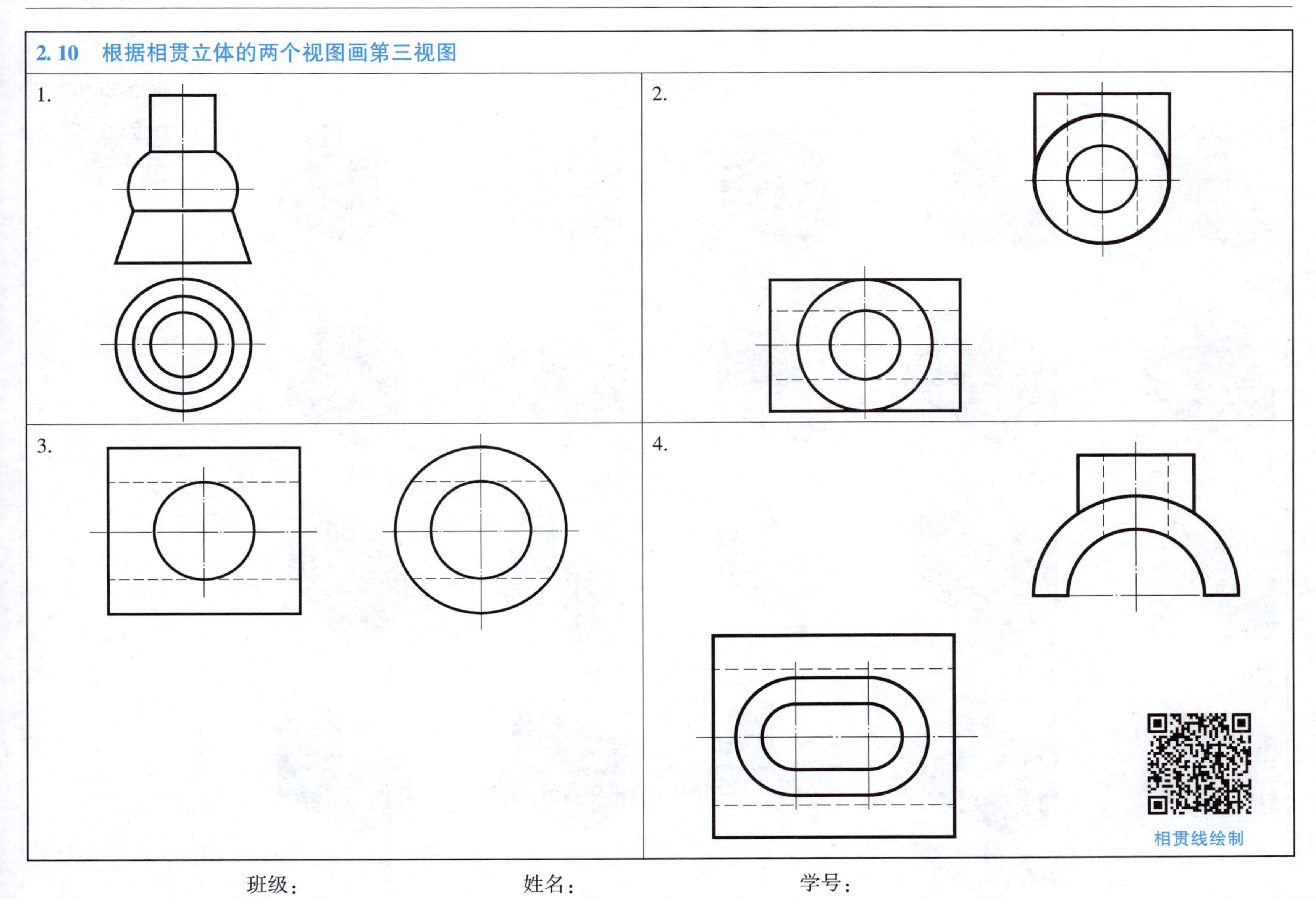

班级：　　　　姓名：　　　　学号：

3.1 根据立体图徒手画三视图（比例约 1：1）

三视图绘制

(1) (2)  (3) 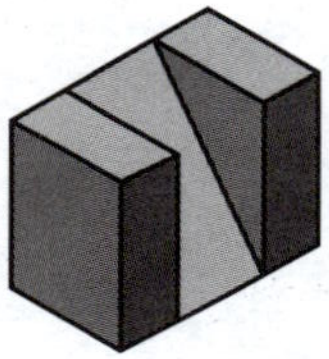 (4) 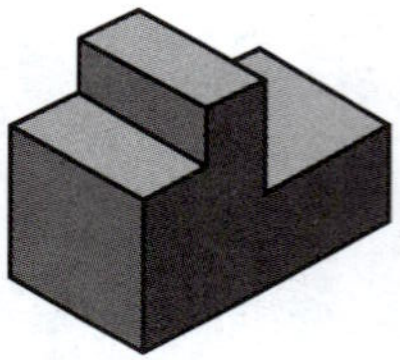 (5)

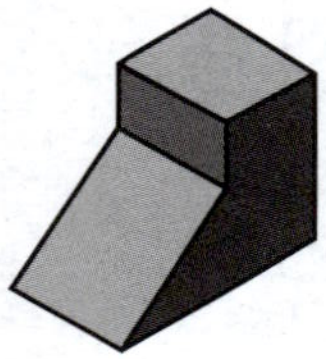

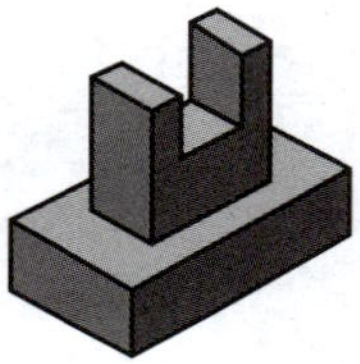

(6)  (7) 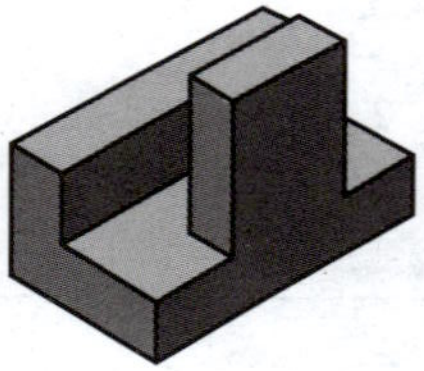 (8) 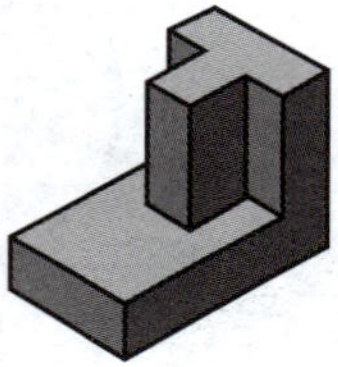 (9) 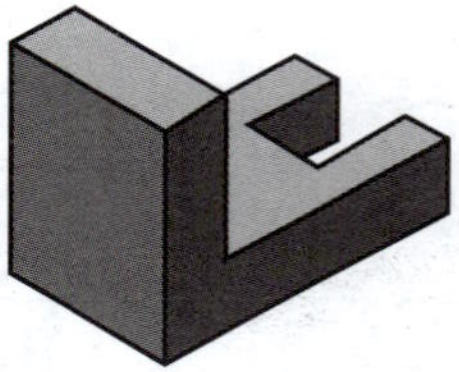 (10)

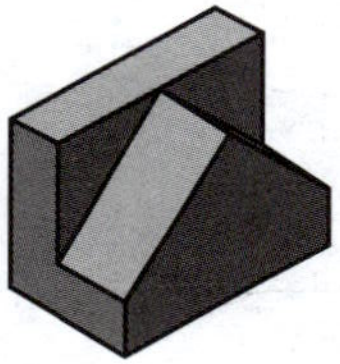

(11)  (12) 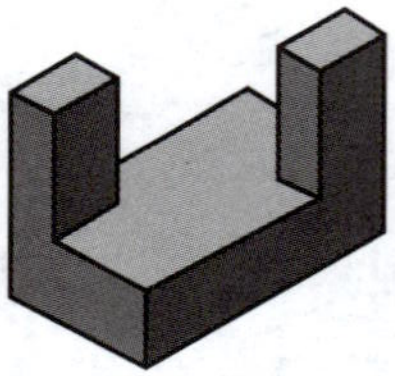 (13)  (14) 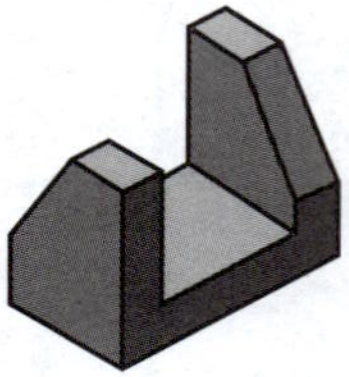 (15)

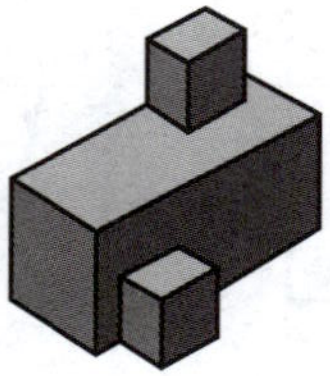

(16)  (17)  (18)  (19)  (20)

班级： 姓名： 学号：

班级：　　　　姓名：　　　　学号：

3.2 根据立体图和已知的一个视图补画其余两个视图，不足尺寸从立体图中量取

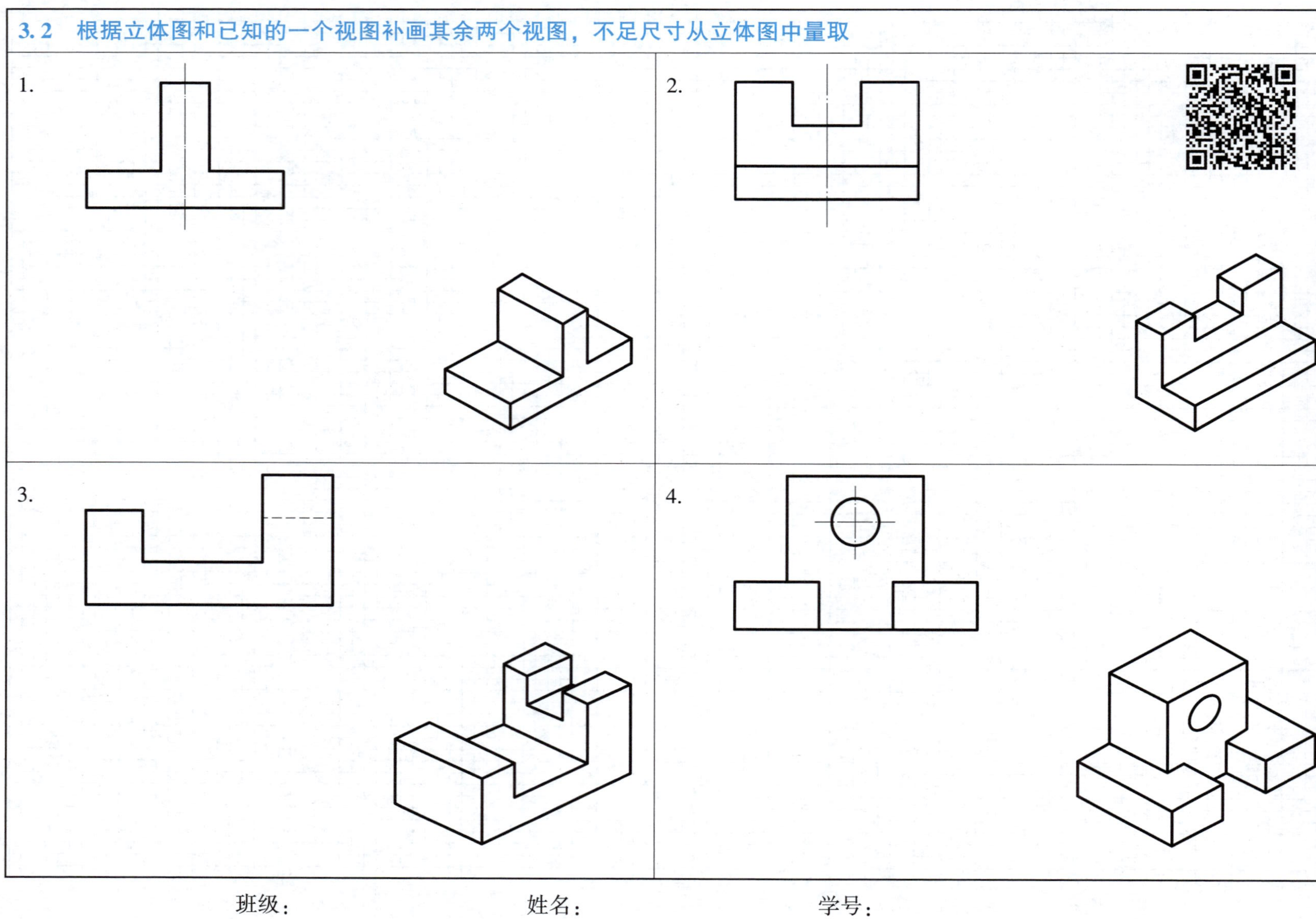

班级：　　　　姓名：　　　　学号：

3.3　根据轴测图，画出组合体的三视图（比例 1∶1）

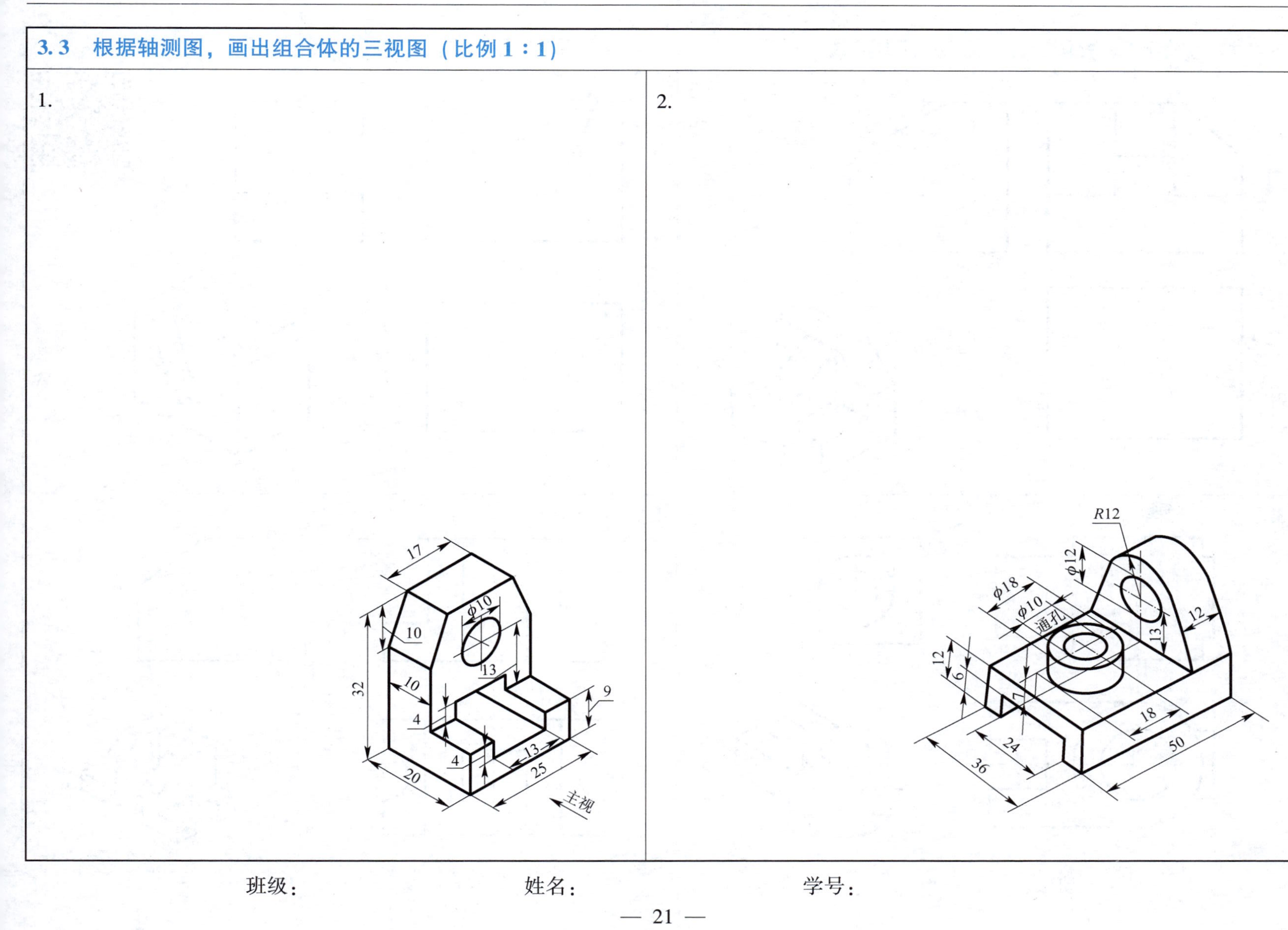

班级：　　　　姓名：　　　　学号：

3.4 对照轴测图，补画组合体视图中所缺的线

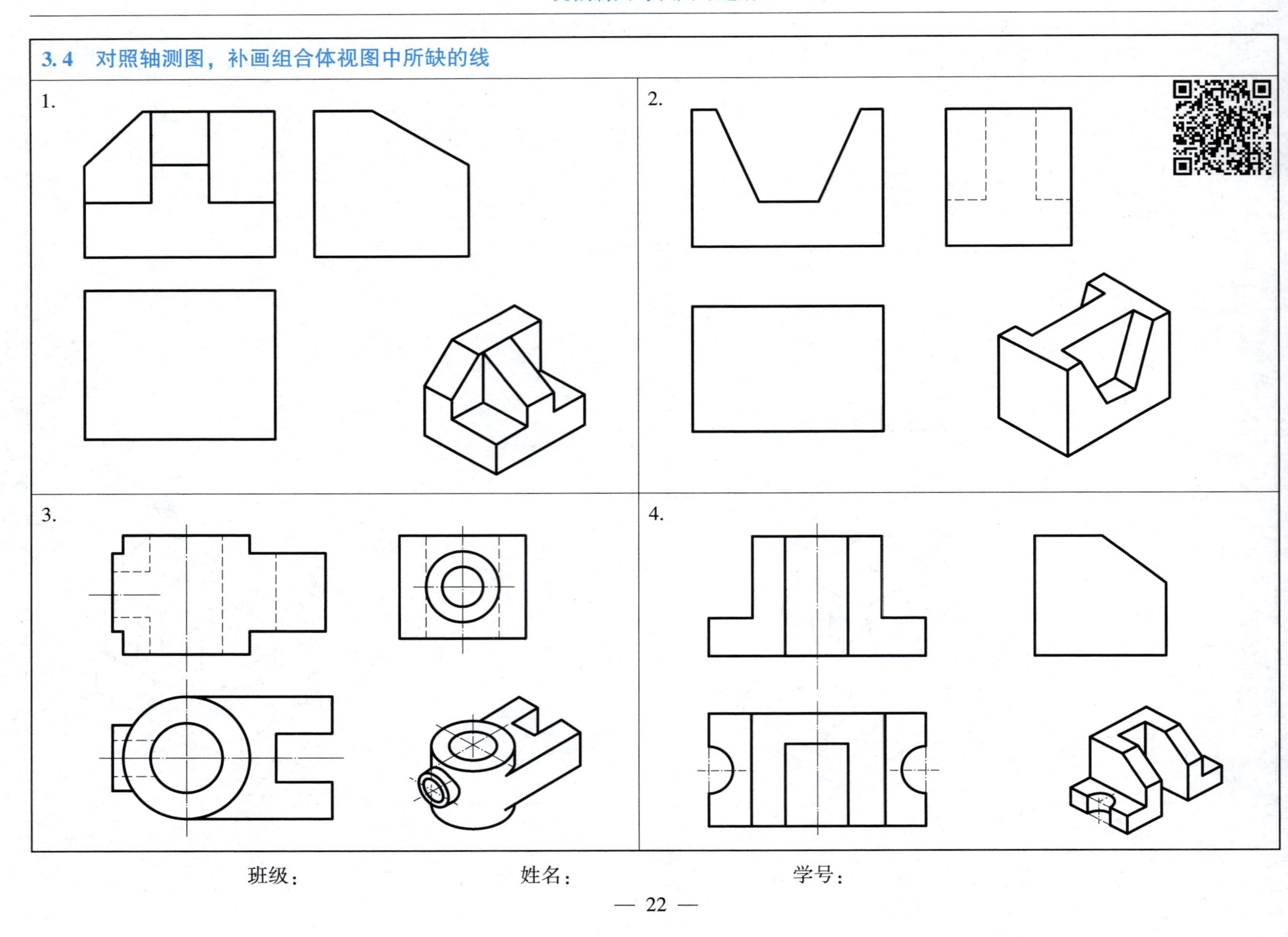

班级：　　　　　　姓名：　　　　　　学号：

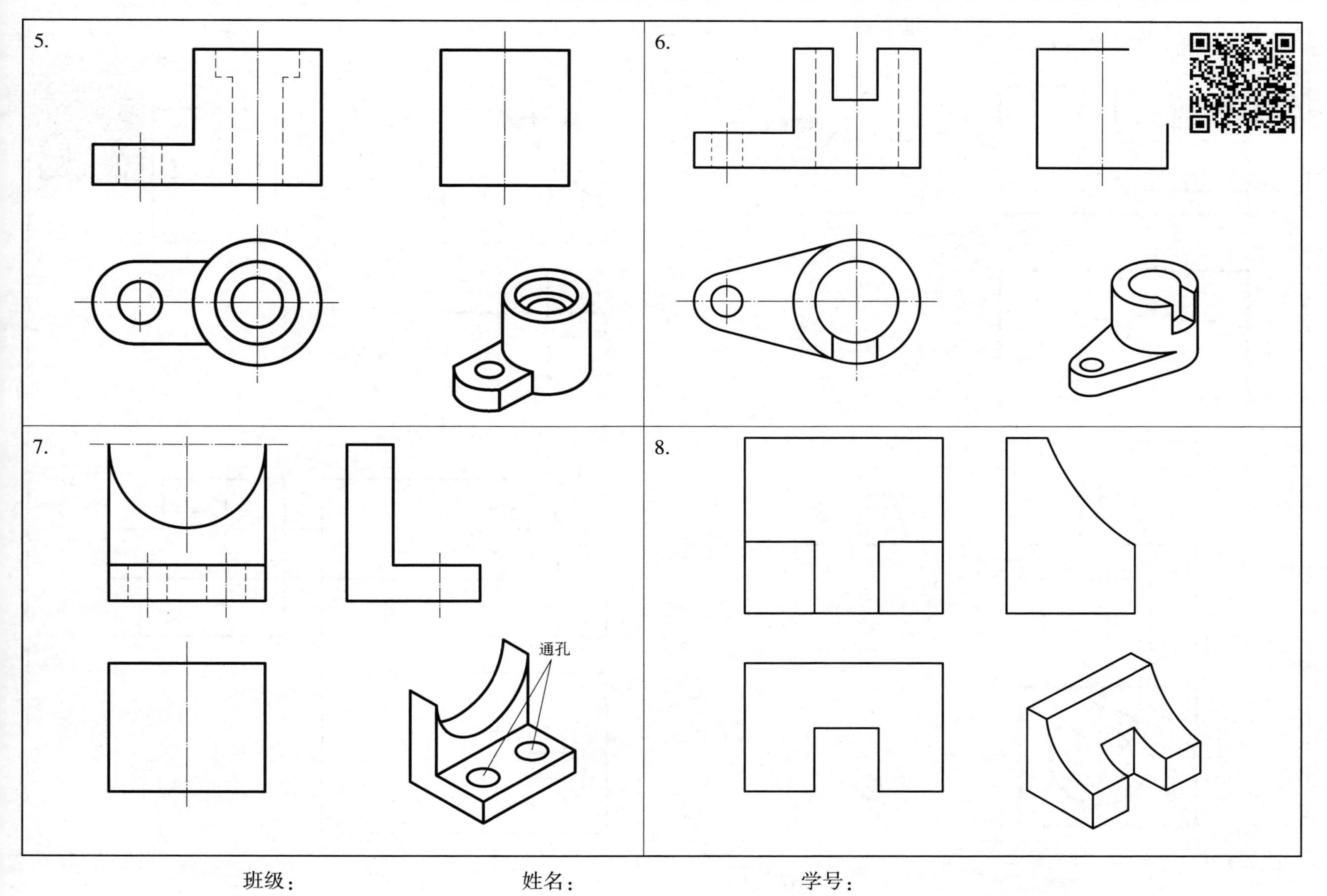

班级：　　　　姓名：　　　　学号：

3.5 根据已知视图想象立体形状，补画图中所缺的线

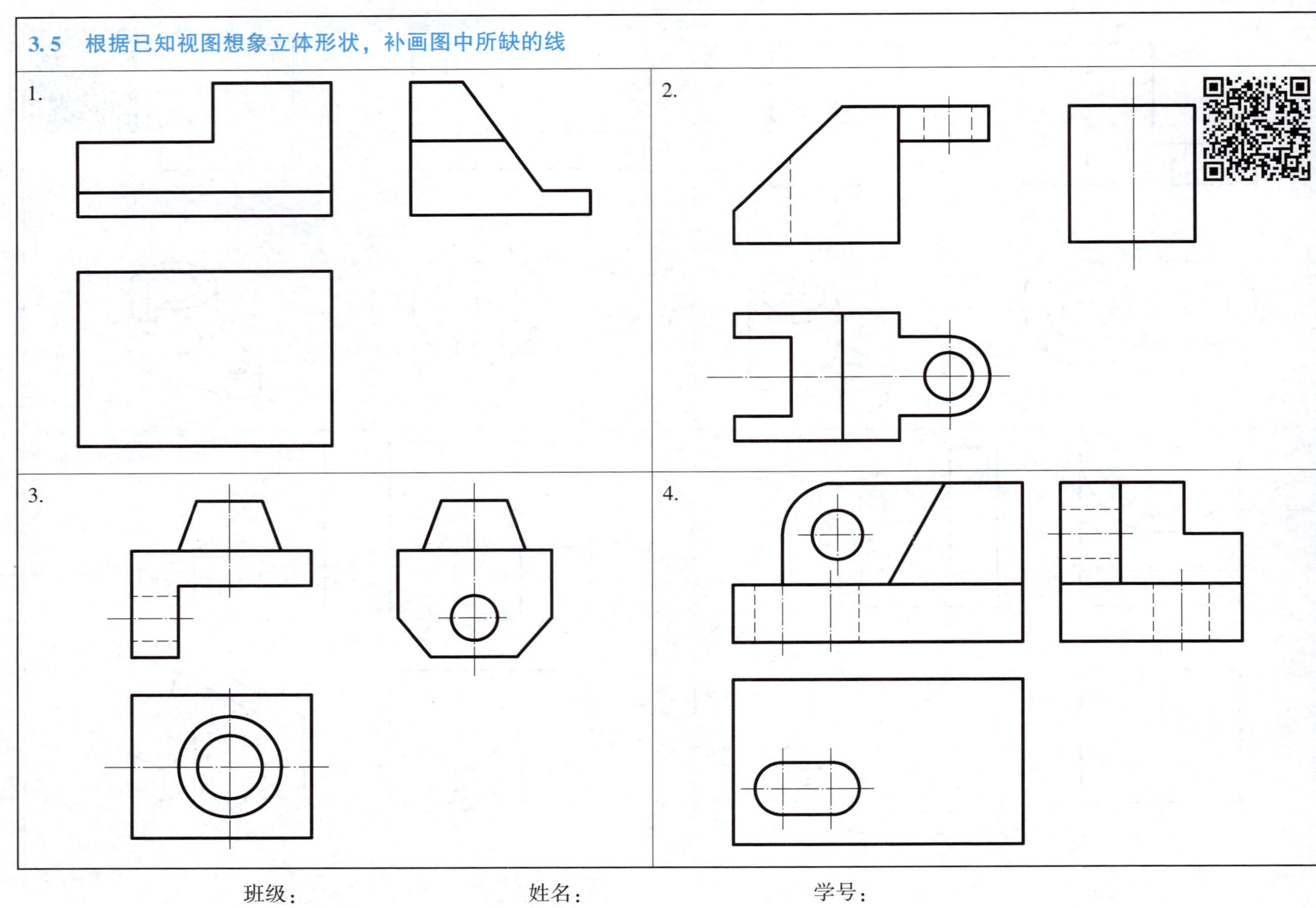

班级：　　　　姓名：　　　　学号：

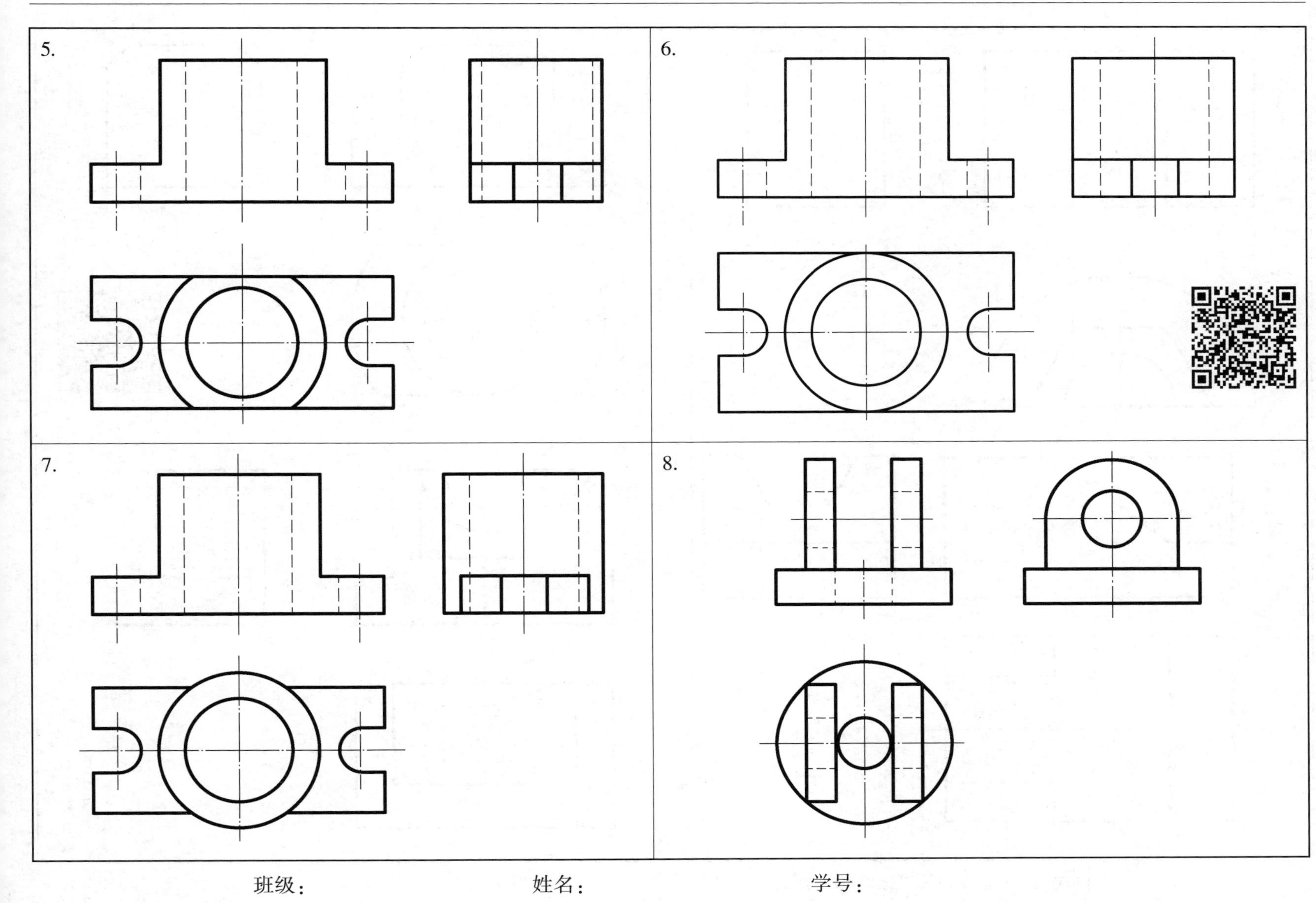

班级：　　　　姓名：　　　　学号：

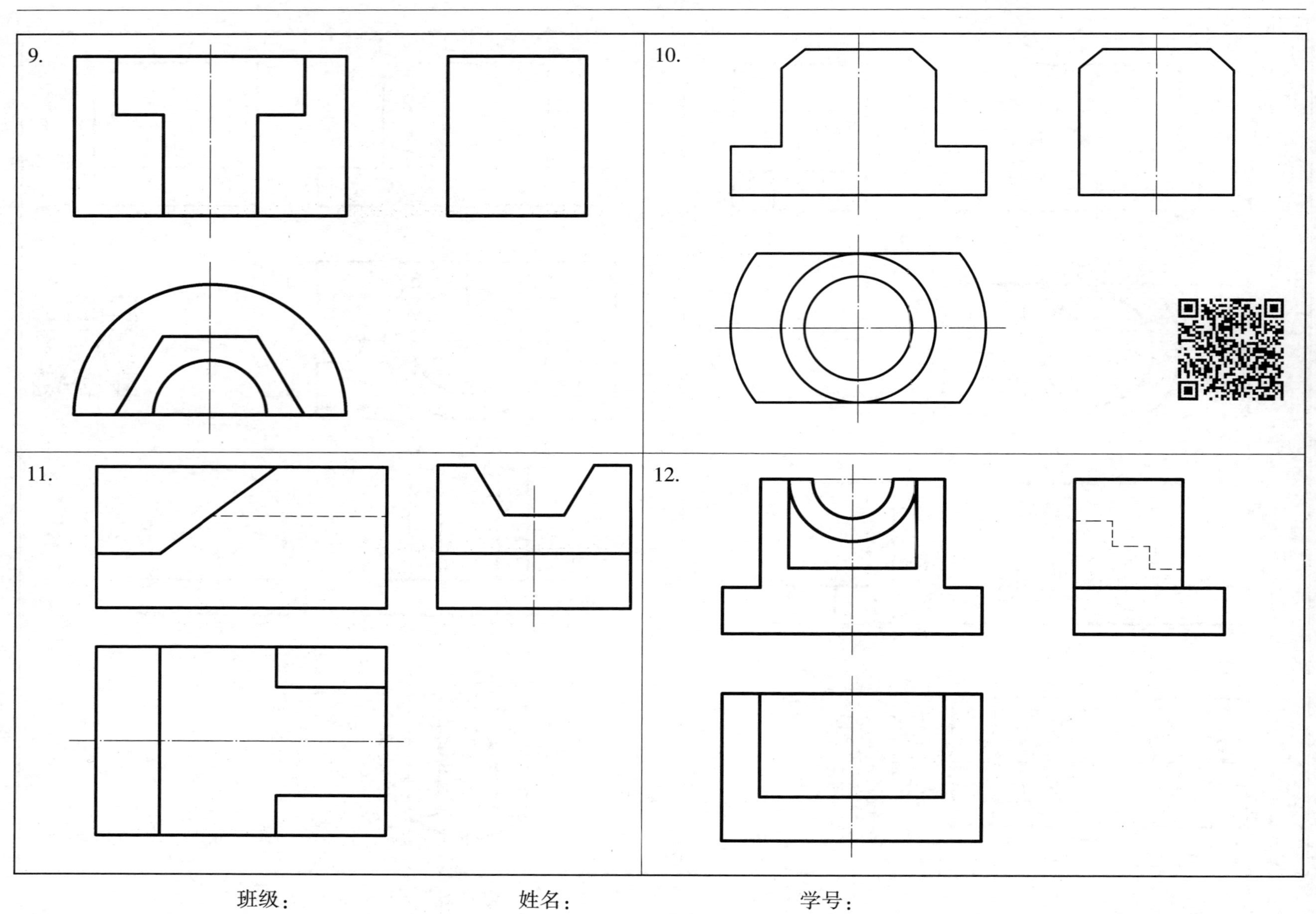

班级：　　　　姓名：　　　　学号：

3.6　标注平面图形和三视图的尺寸，尺寸从图中量取整数

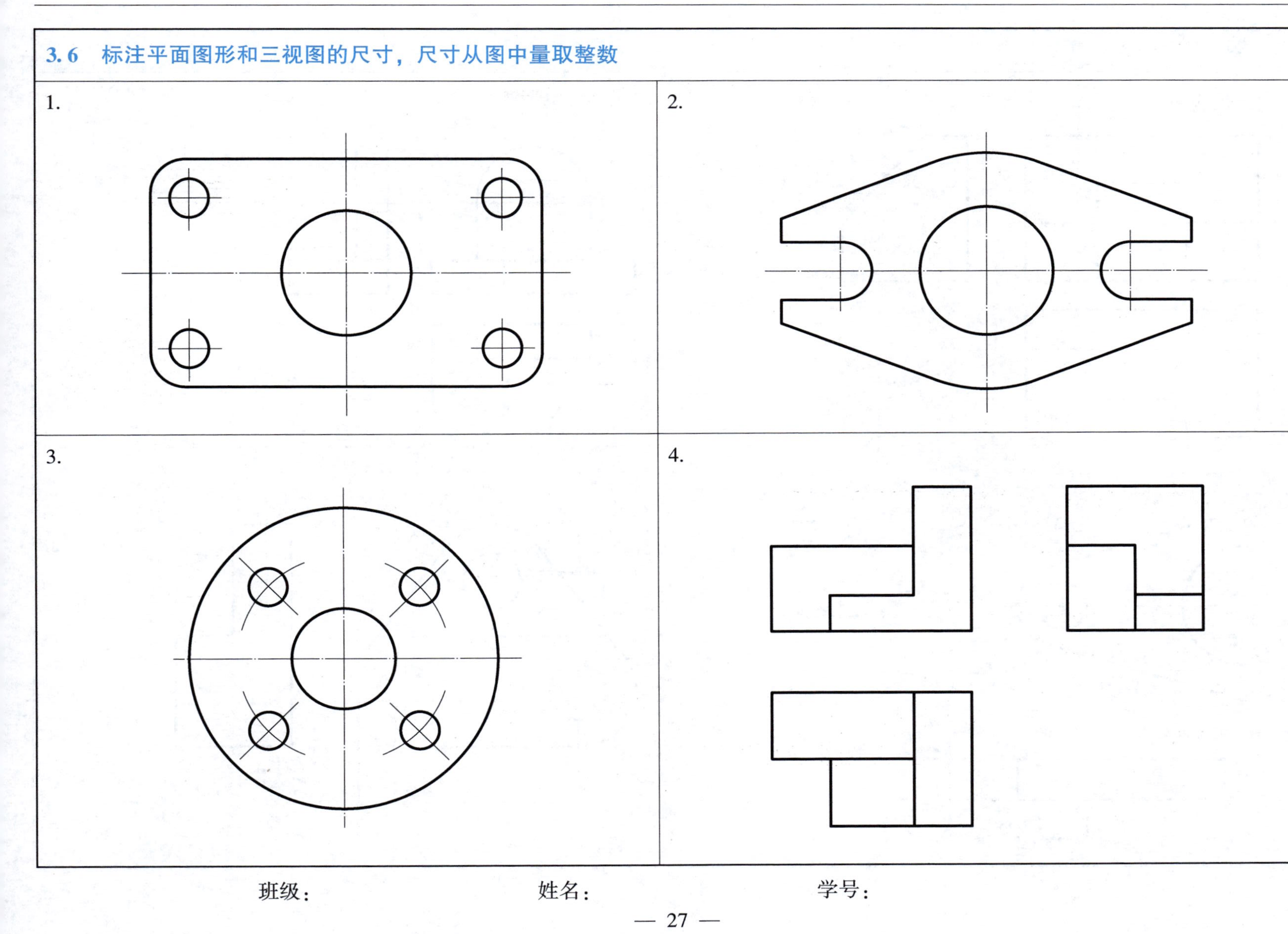

班级：　　　　　　姓名：　　　　　　学号：

3.7 根据三视图画轴测图

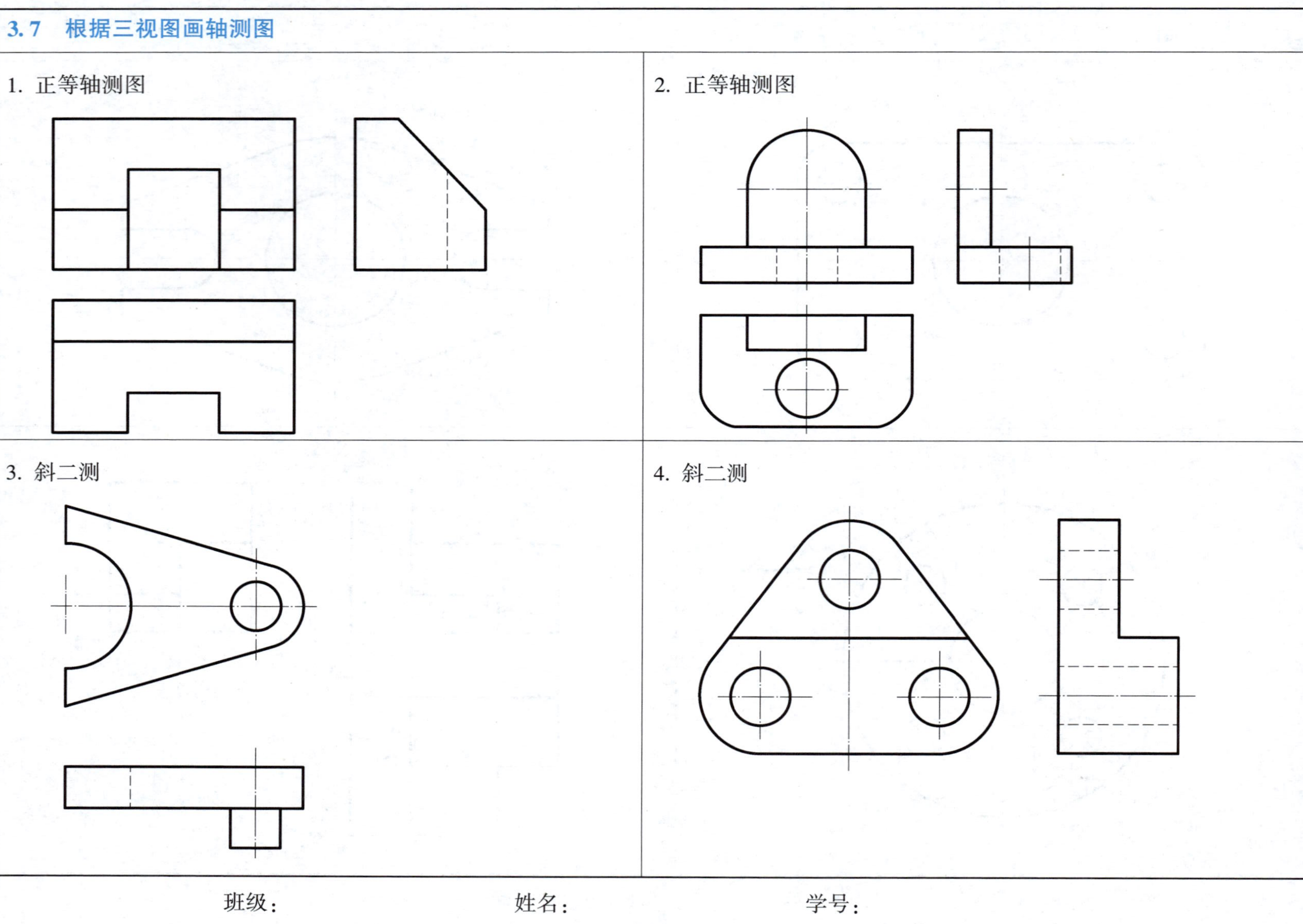

班级：　　　　姓名：　　　　学号：

4.1　视图的绘制

1. 根据主、俯、左视图，画出右视图和仰视图

2. 根据主、俯视图，在指定位置画出 *A* 向视图和 *B* 向视图

A

A

B

B

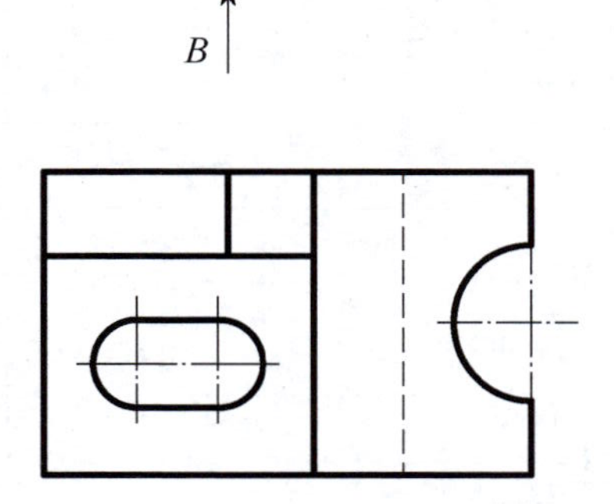

班级：　　　　　　姓名：　　　　　　学号：

3. 画出 *A* 向和 *B* 向局部视图

4. 画出 *A* 向斜视图

4.2 补齐剖视图中所缺的线

1.

2.

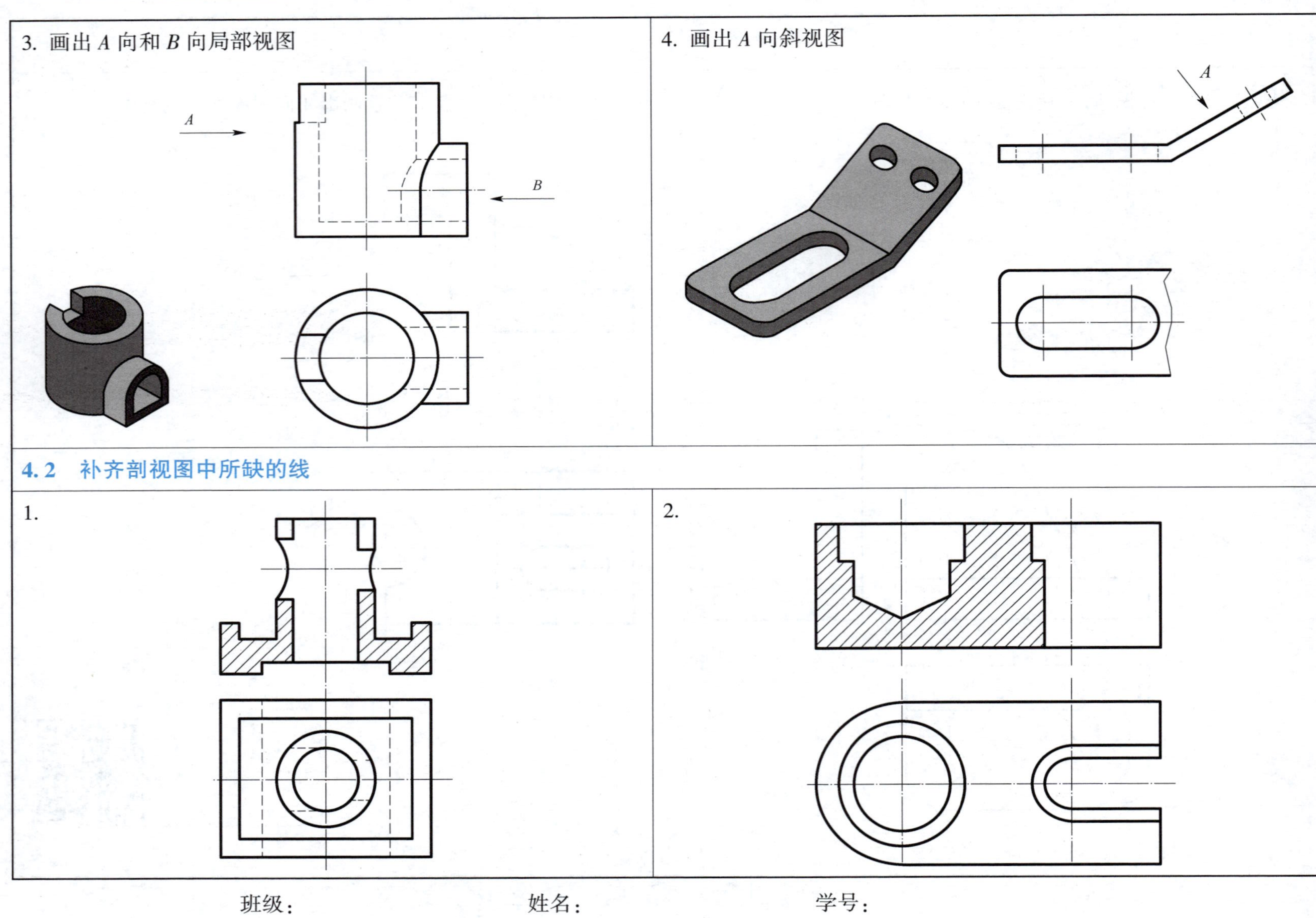

班级：　　　　姓名：　　　　学号：

4.3　在指定位置将主视图画成全剖视图

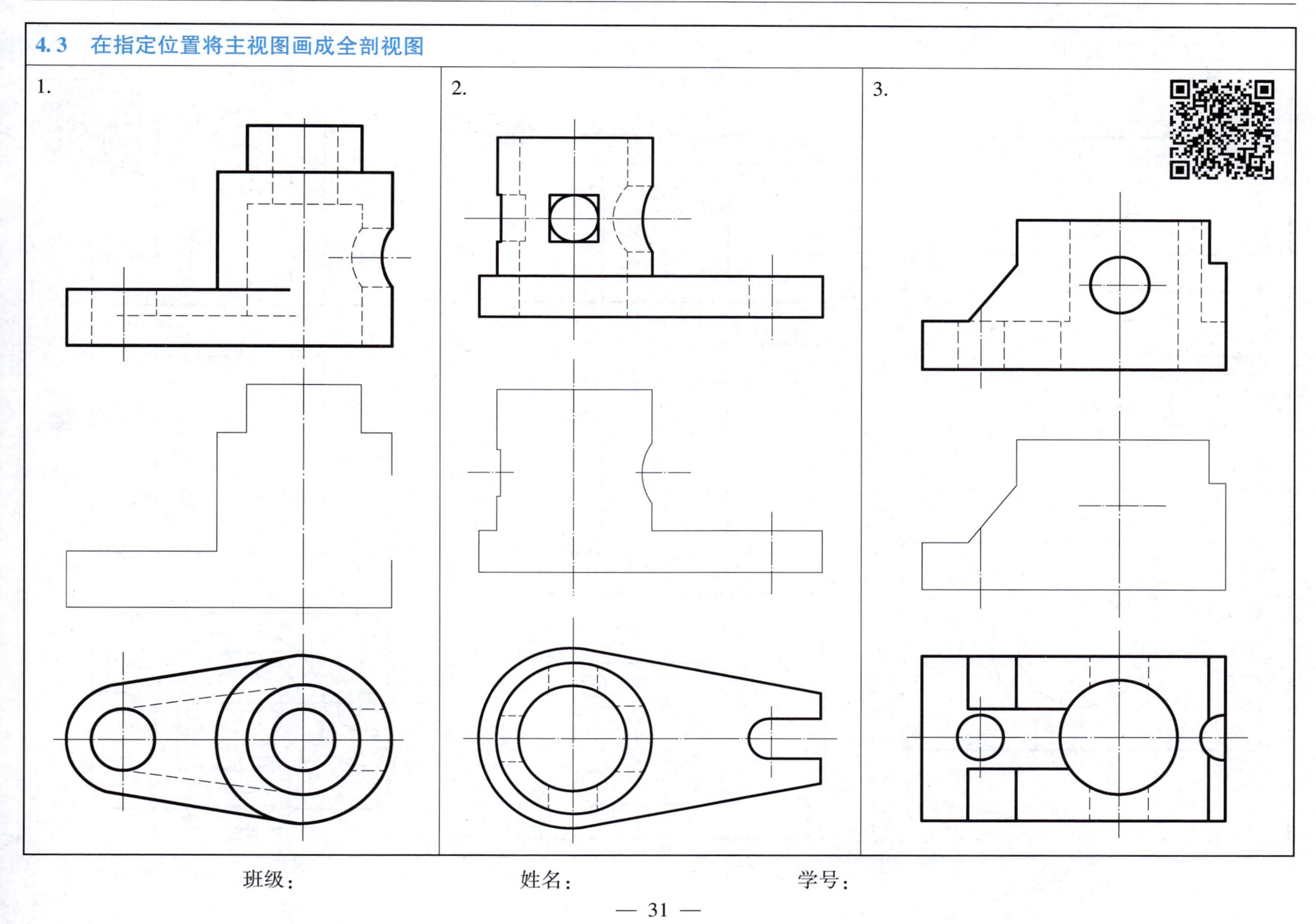

班级：　　　　姓名：　　　　学号：

4.4 在指定位置将主视图画成半剖视图

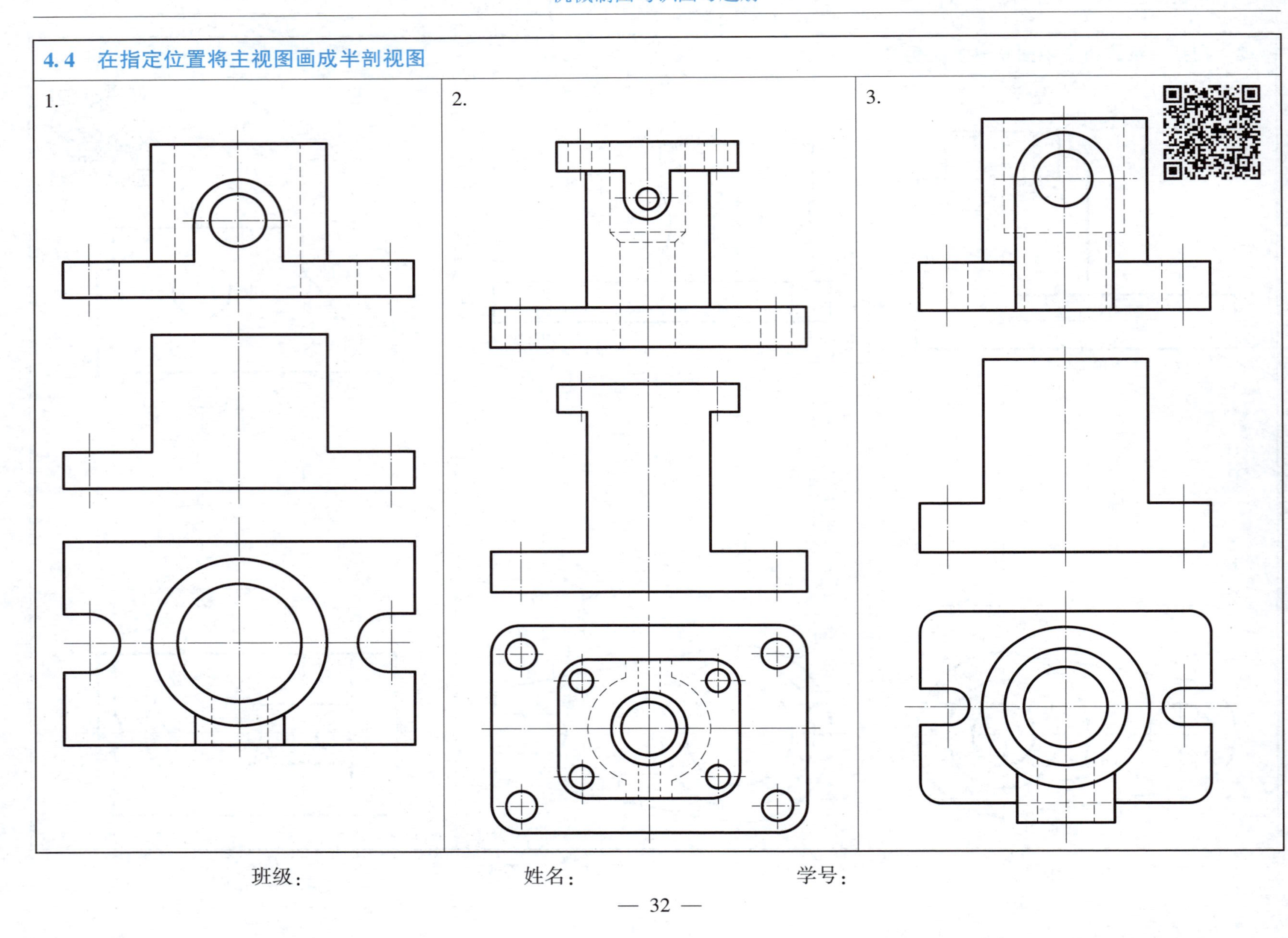

班级：　　　　姓名：　　　　学号：

4.5　将下列图形改为局部剖视图

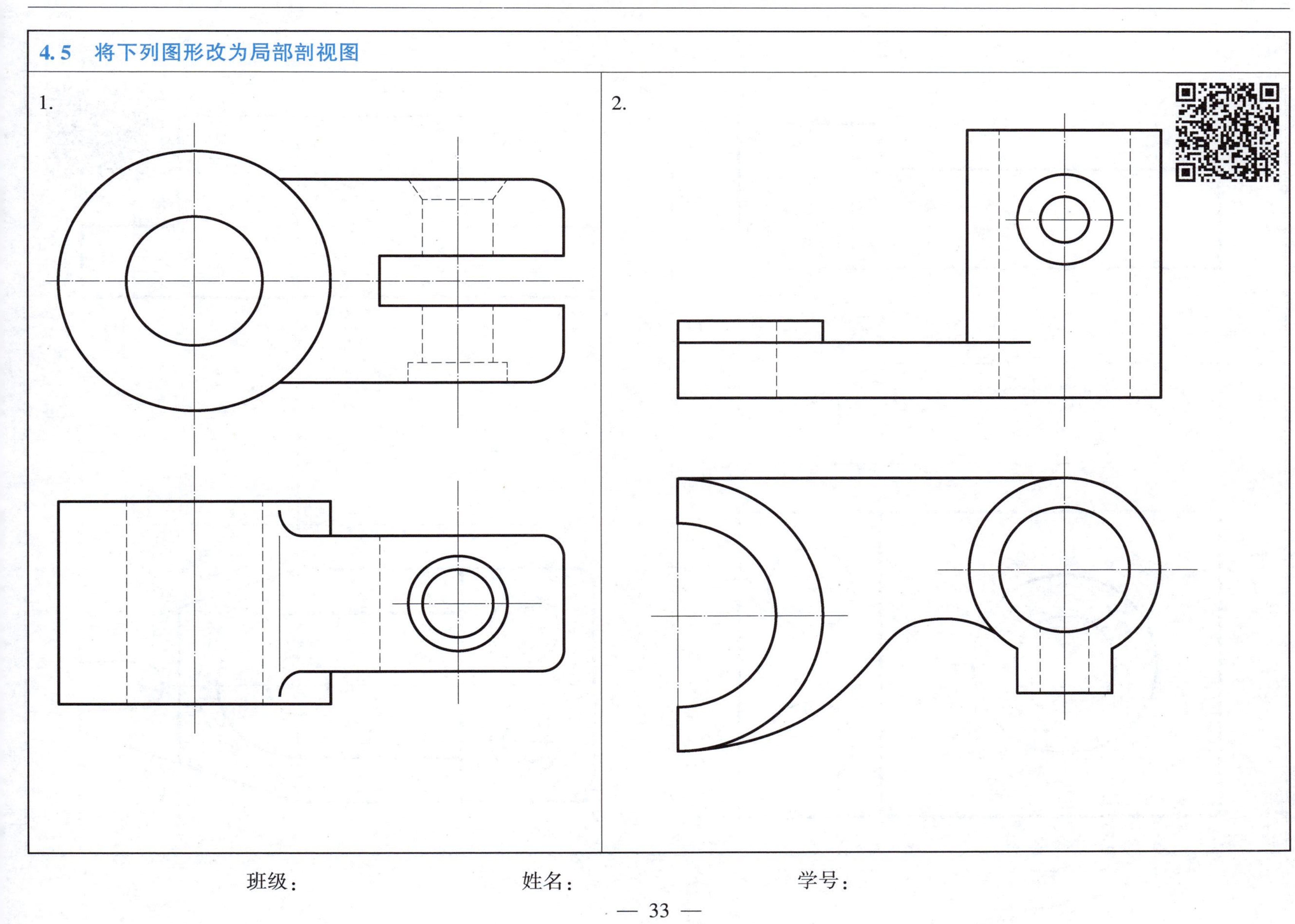

班级：　　　　姓名：　　　　学号：

4.6 用阶梯剖的方法在指定位置画出全剖的主视图并按规定标注

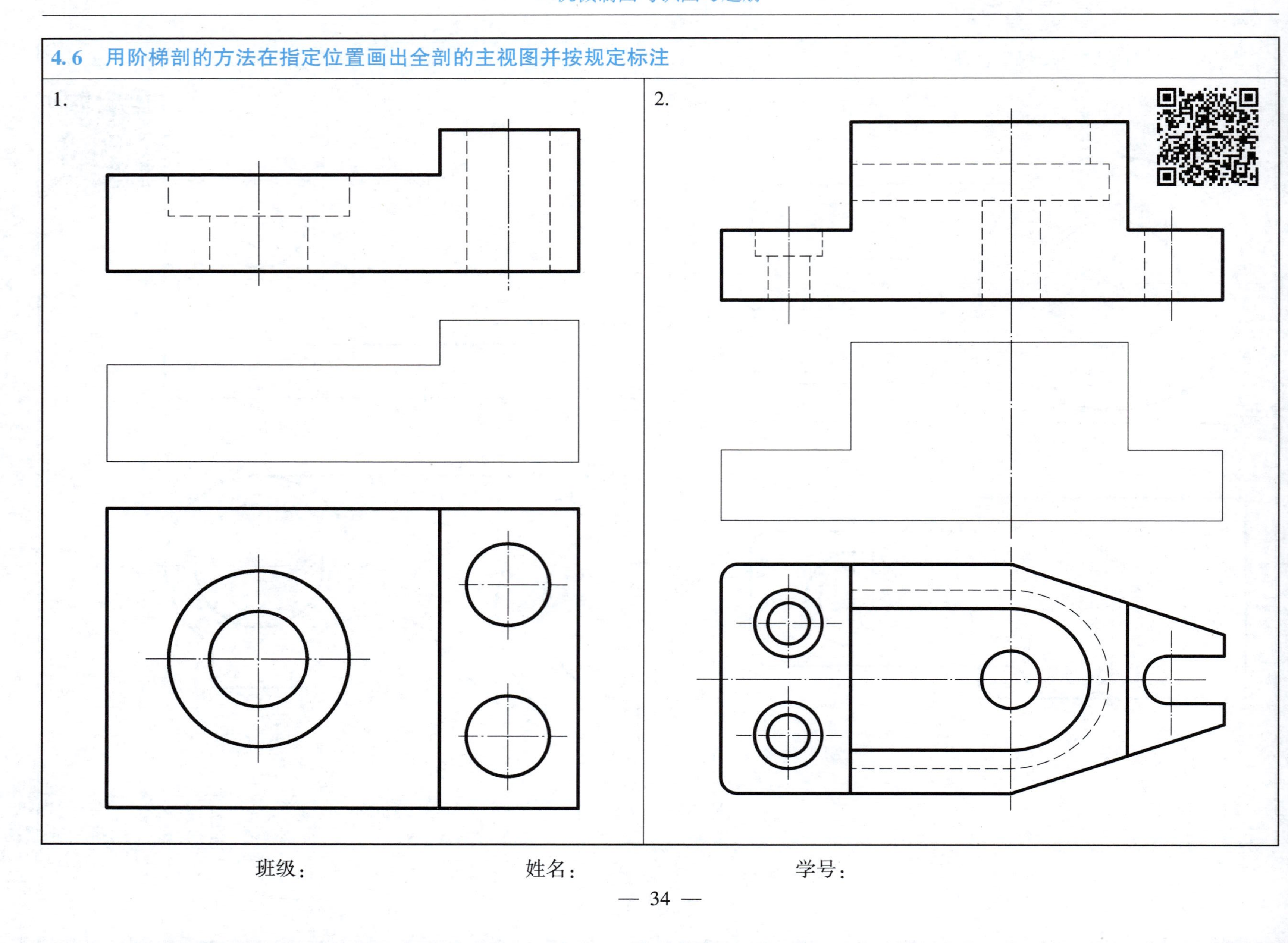

班级：　　　　姓名：　　　　学号：

4.7　用斜剖的方法画出 *A*–*A* 全剖视图并按规定标注

4.8　用复合剖的方法将主视图画成全剖视图并按规定标注

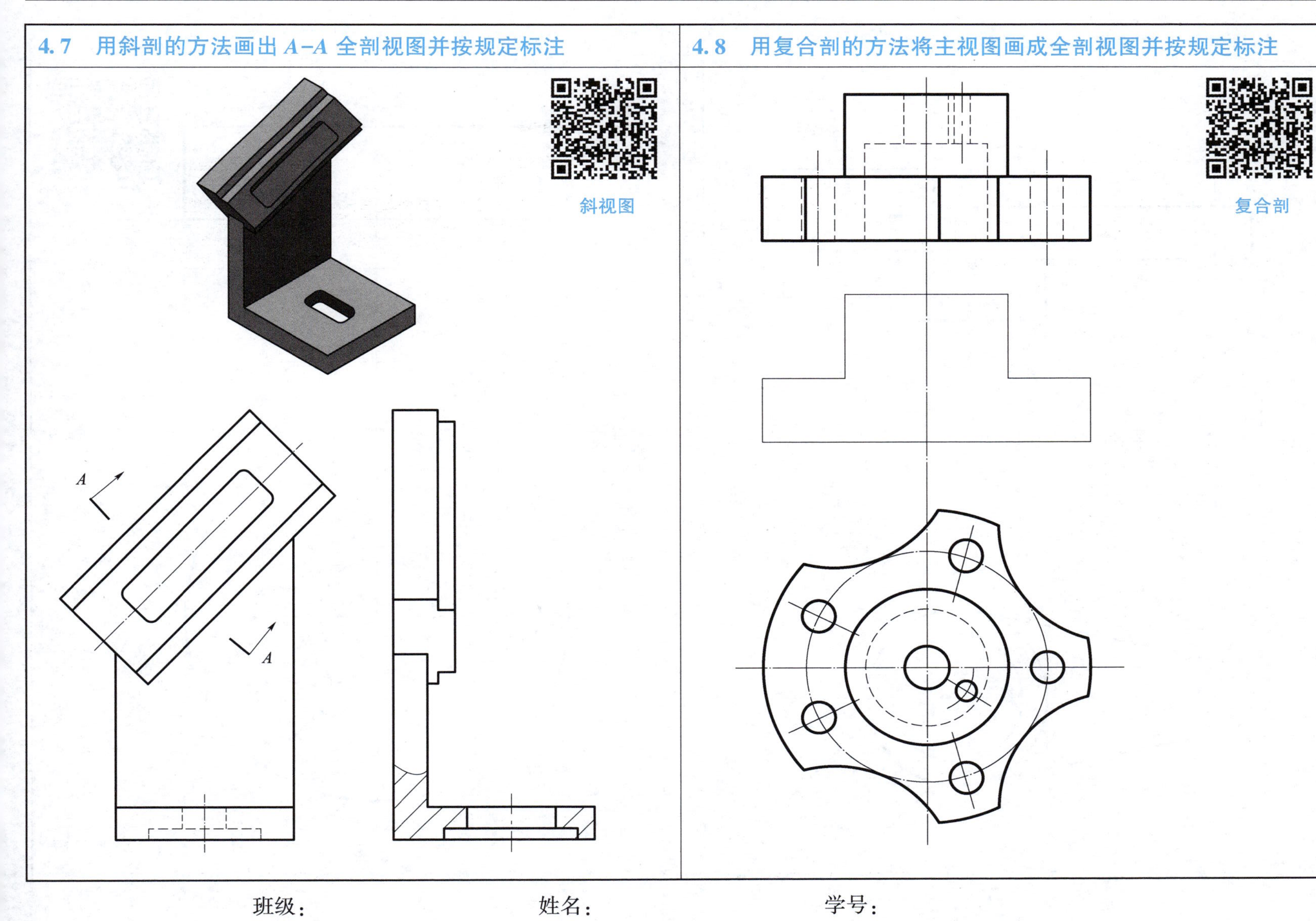

班级：　　　　姓名：　　　　学号：

4.9 用旋转剖的方法画出全剖的主视图并按规定标注

1.

2.

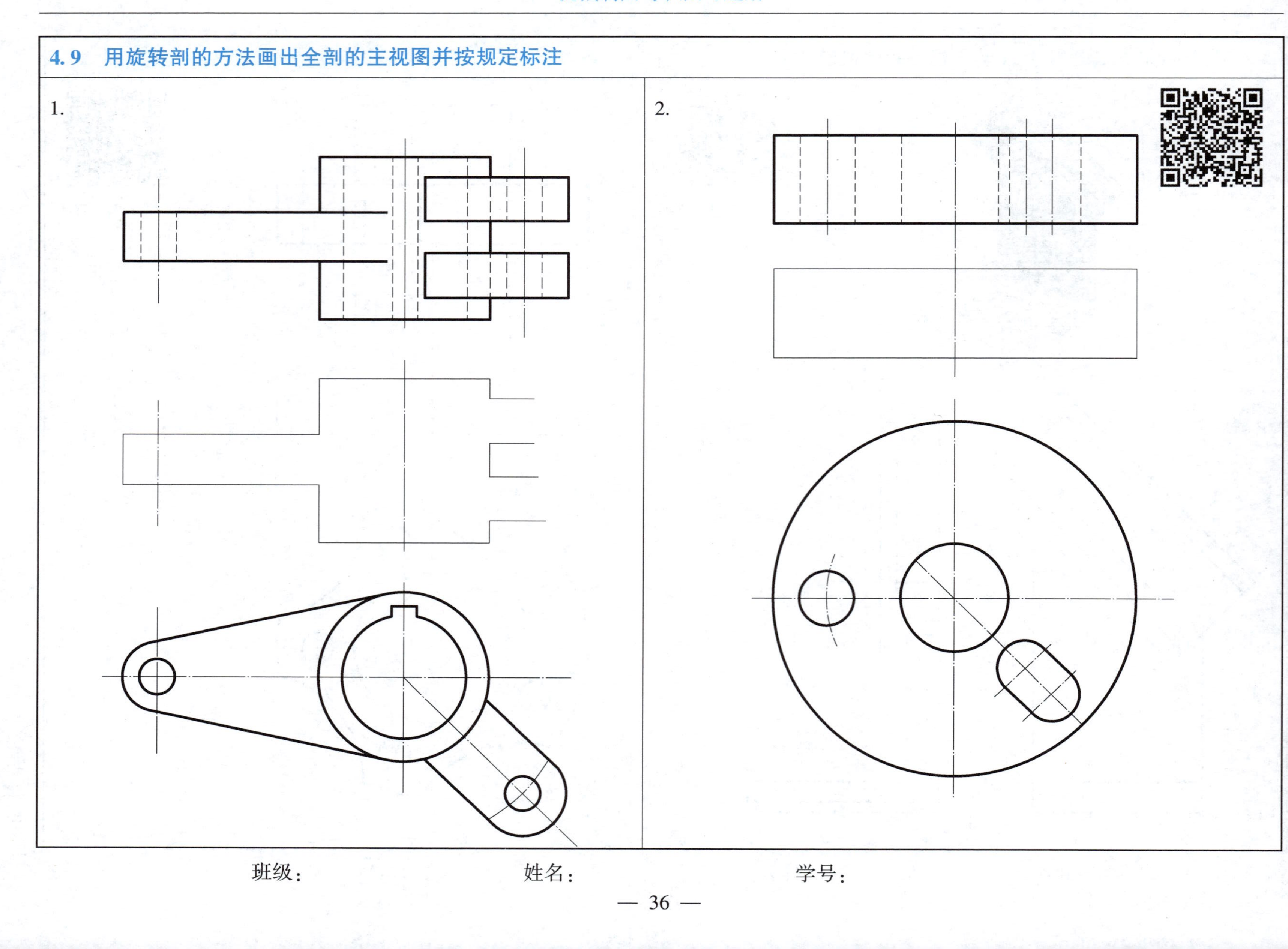

班级：　　　　姓名：　　　　学号：

4.10　画出指定剖切位置的移出断面图

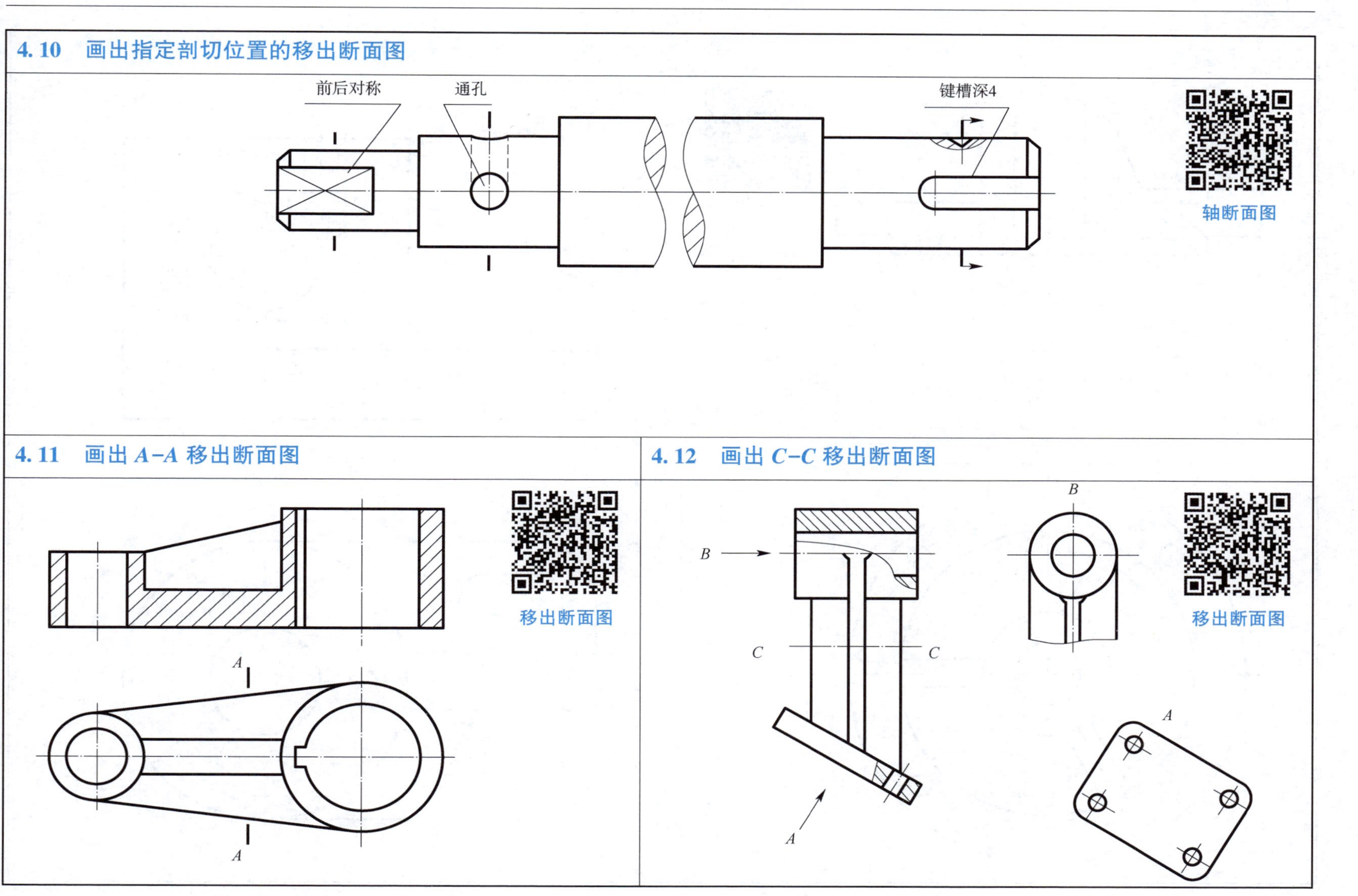

4.11　画出 *A*–*A* 移出断面图

4.12　画出 *C*–*C* 移出断面图

班级：　　　　姓名：　　　　学号：

4.13　在指定位置画出正确的剖视图

4.14　选择恰当的方法表达机械零件

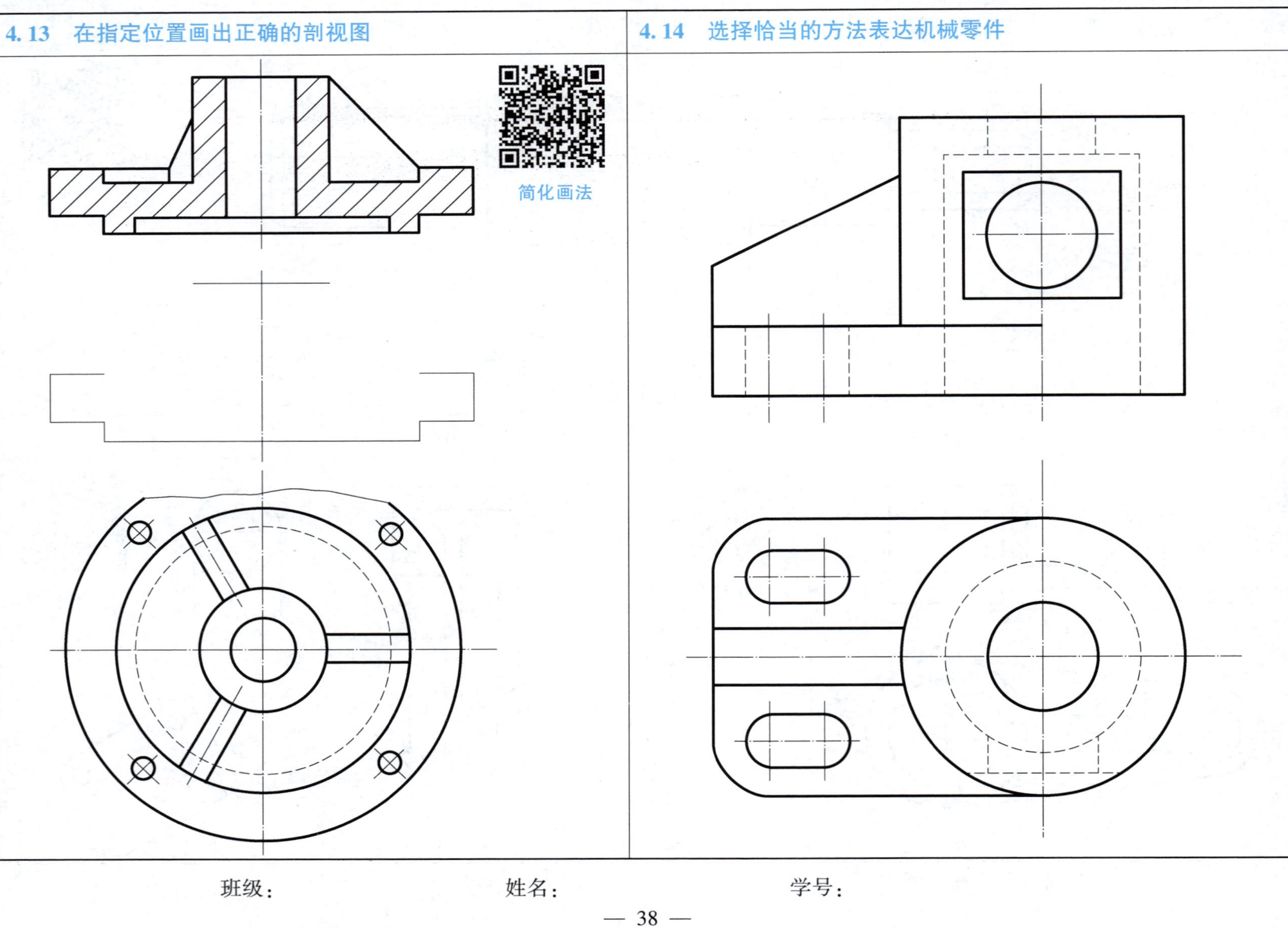

班级：　　　　姓名：　　　　学号：

4.15　分析螺纹的错误画法，在指定画出正确的图形

1.　2.　3.

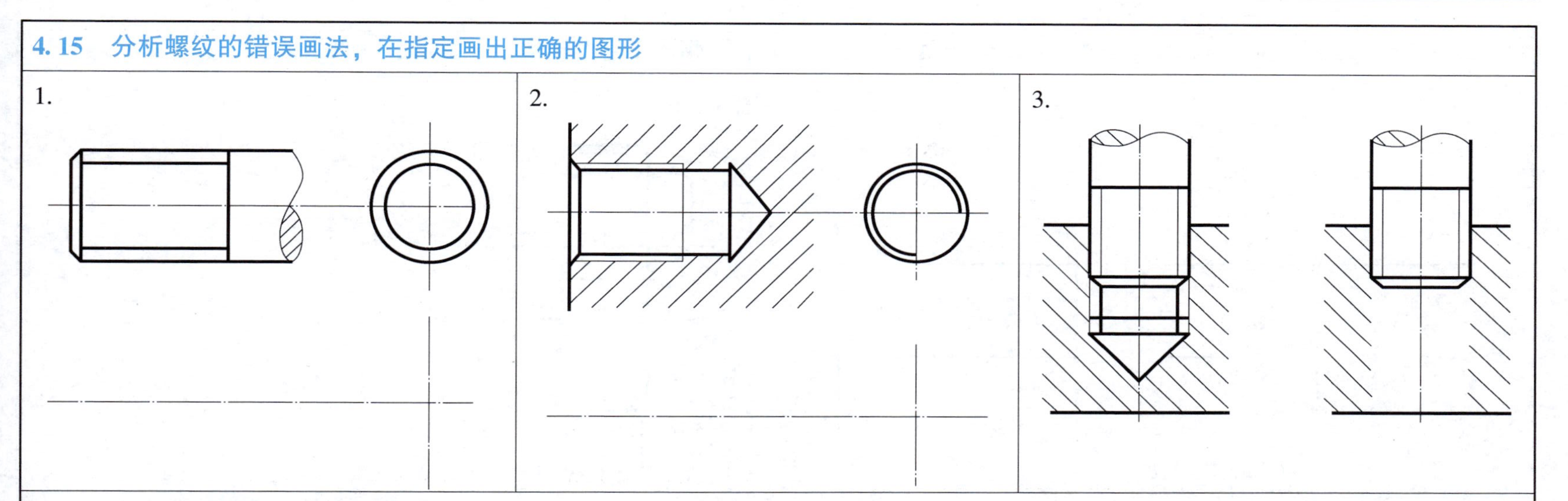

4.16　在图中标注螺纹的规定代号

1. 粗牙普通螺纹，大径 20 mm，螺距 2.5 mm，中径和顶径公差代号为 6 h，中等旋合长度

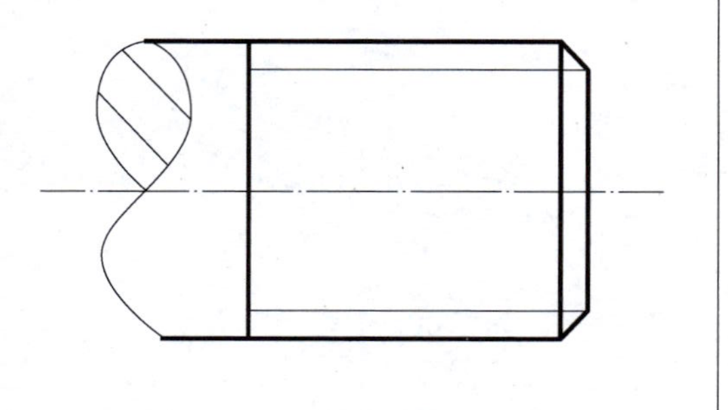

2. 细牙普通螺纹，大径 10 mm，螺距 1 mm，左旋，中径和顶径公差代号为 7H，长旋合长度

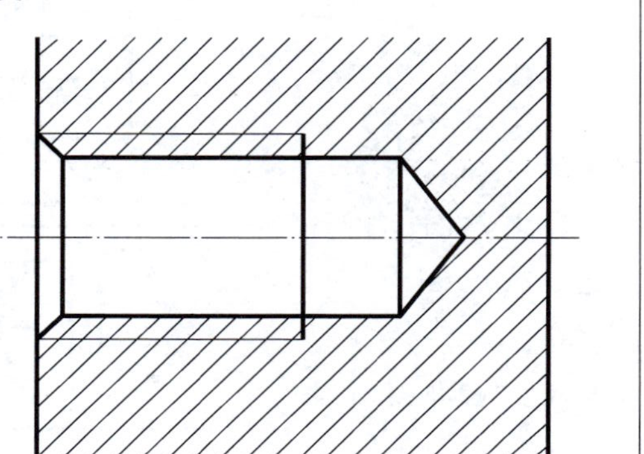

3. 非螺纹密封管螺纹，尺寸代号 3/4，右旋

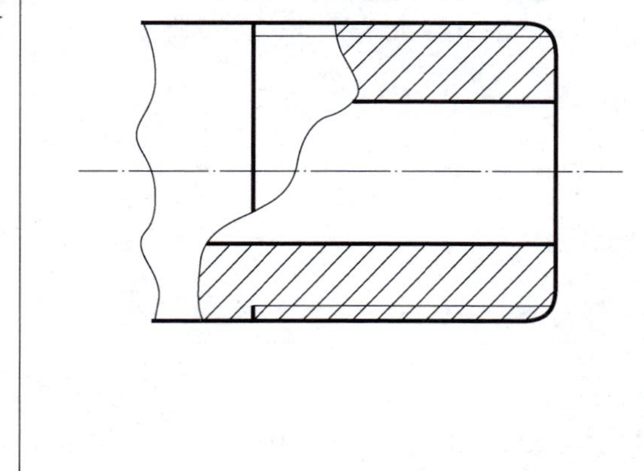

班级：　　　　姓名：　　　　学号：

4.17 根据已知条件画出螺栓连接装配图，比例为 1∶1

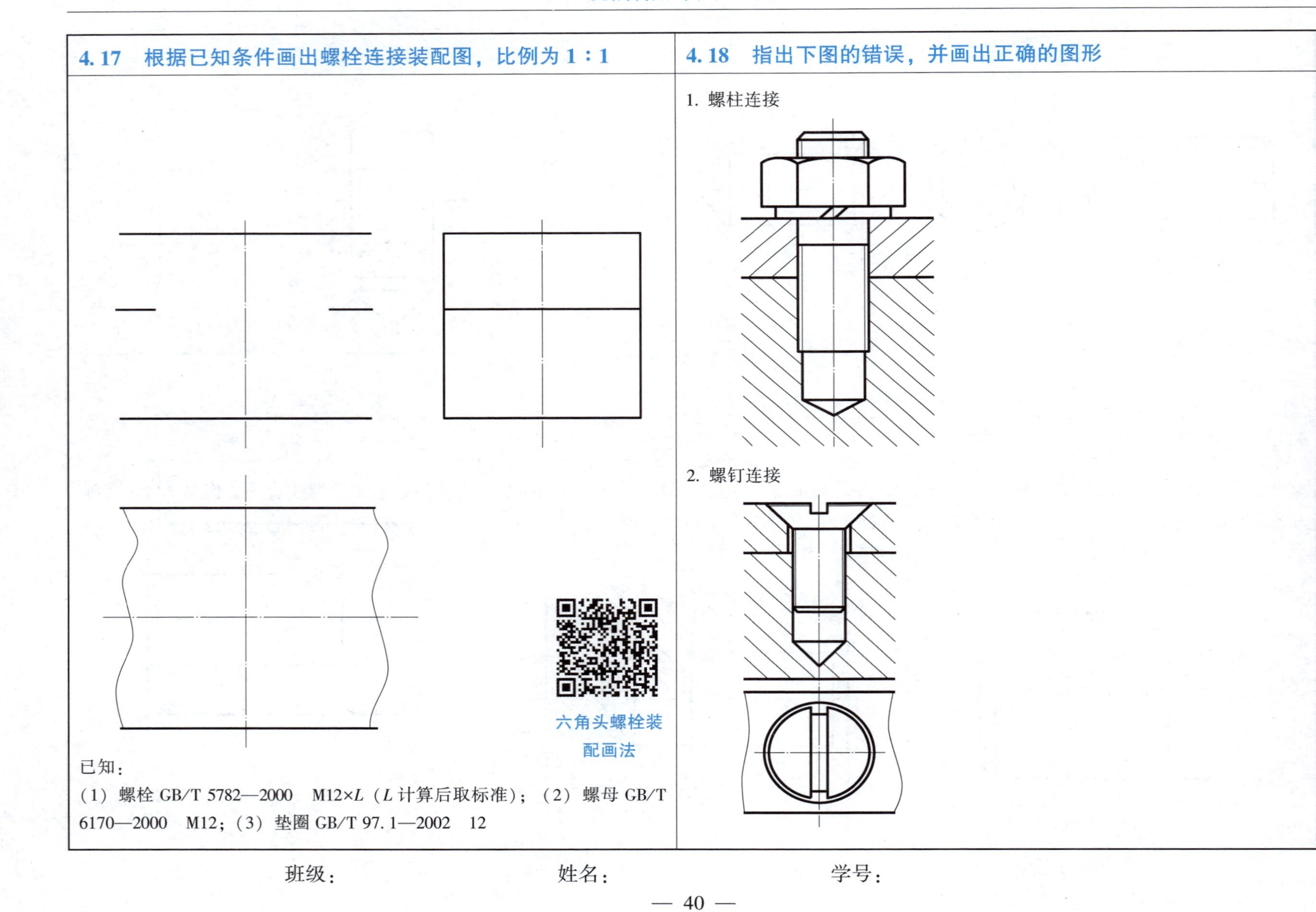

已知：

（1）螺栓 GB/T 5782—2000 M12×*L*（*L* 计算后取标准）；（2）螺母 GB/T 6170—2000 M12；（3）垫圈 GB/T 97.1—2002 12

4.18 指出下图的错误，并画出正确的图形

1. 螺柱连接

2. 螺钉连接

班级：　　　　姓名：　　　　学号：

4.19　根据齿轮基本参数，计算主要尺寸并完成齿轮主视图

1. 已知直齿圆柱齿轮 $m=2.5$ mm，$z=40$

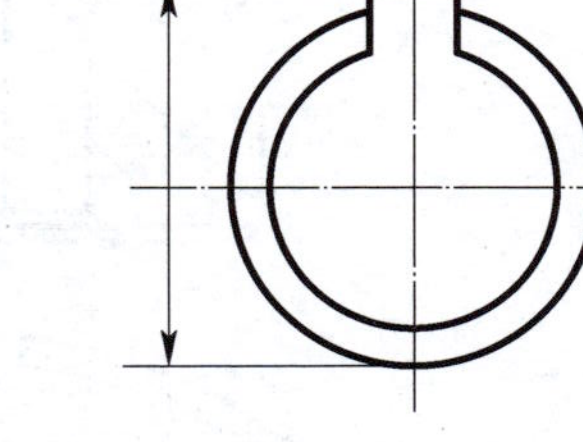

2. 已知直齿圆锥齿轮 $m=4$ mm，$z=25$

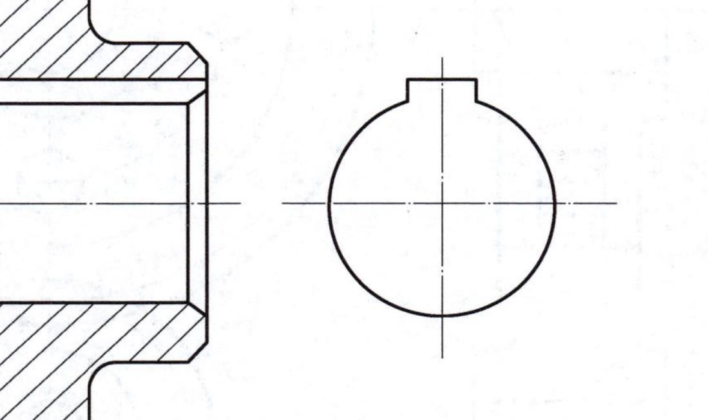

班级：　　　　姓名：　　　　学号：

4.20 补全齿轮啮合视图

1. 圆柱齿轮啮合

2. 圆锥齿轮啮合

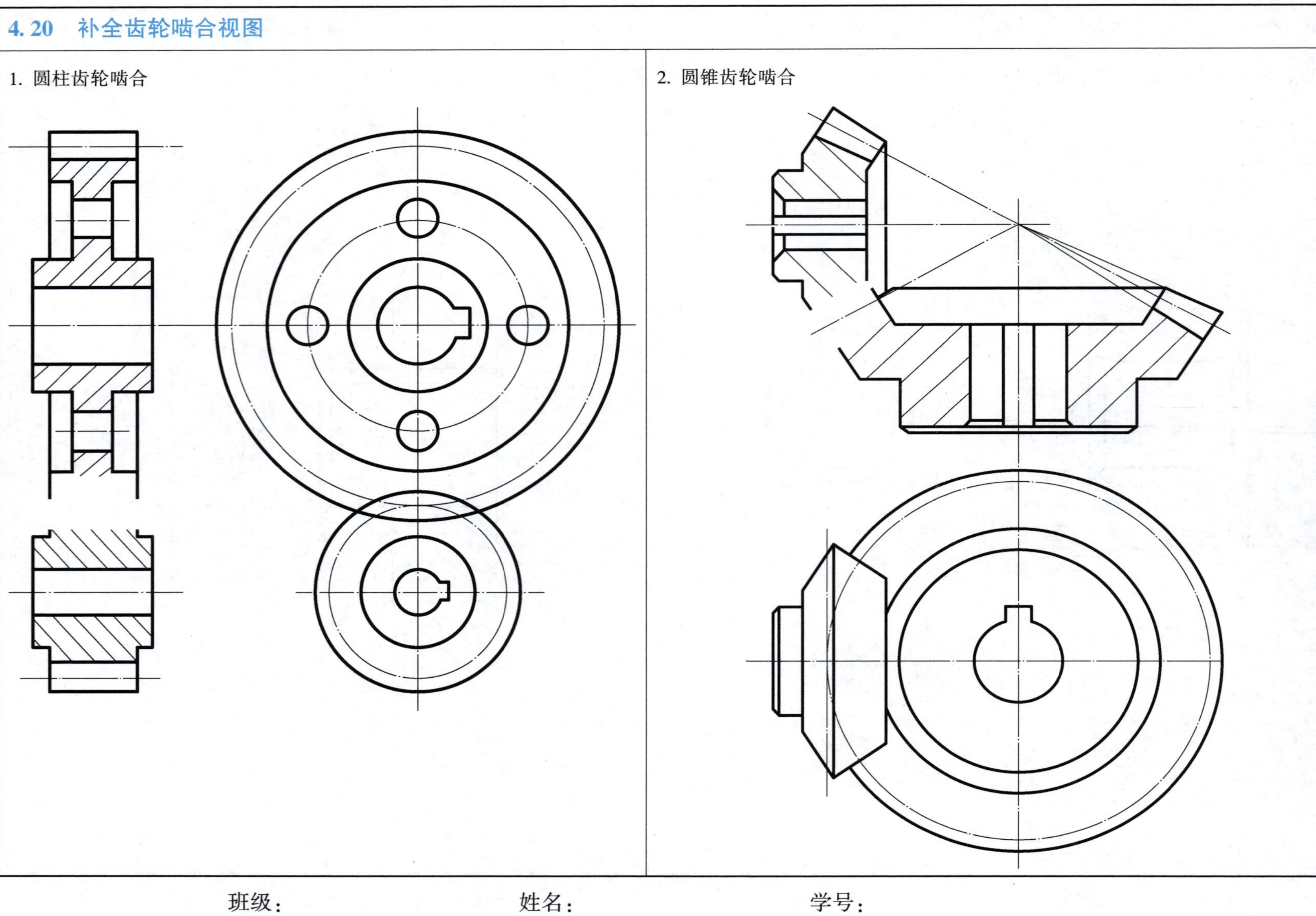

班级：　　　　姓名：　　　　学号：

4.21　查表确定并标注键槽的尺寸，画出键连接图形

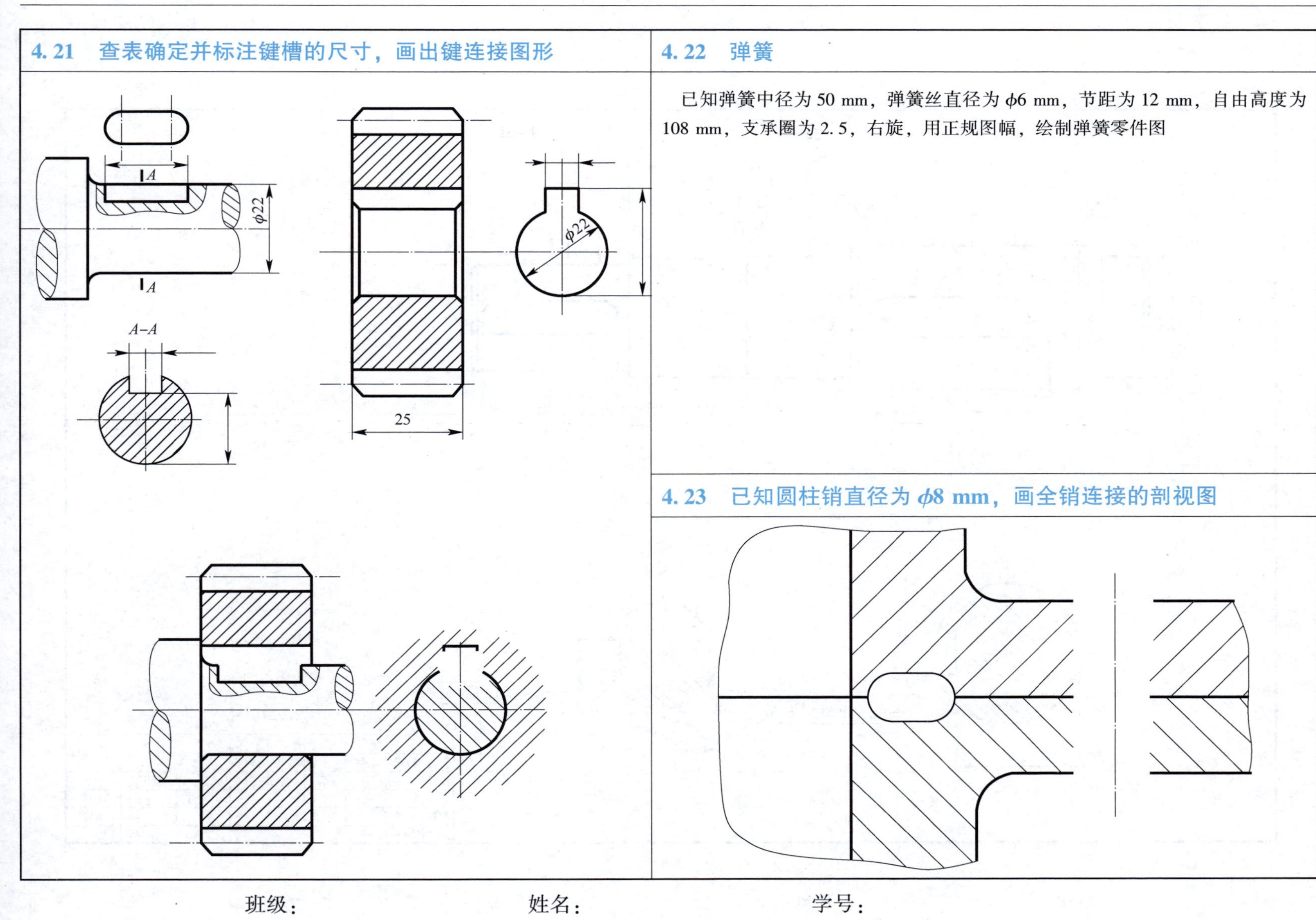

4.22　弹簧

已知弹簧中径为 50 mm，弹簧丝直径为 ϕ6 mm，节距为 12 mm，自由高度为 108 mm，支承圈为 2.5，右旋，用正规图幅，绘制弹簧零件图

4.23　已知圆柱销直径为 ϕ8 mm，画全销连接的剖视图

班级：　　　　姓名：　　　　学号：

5.1 抄画零件图

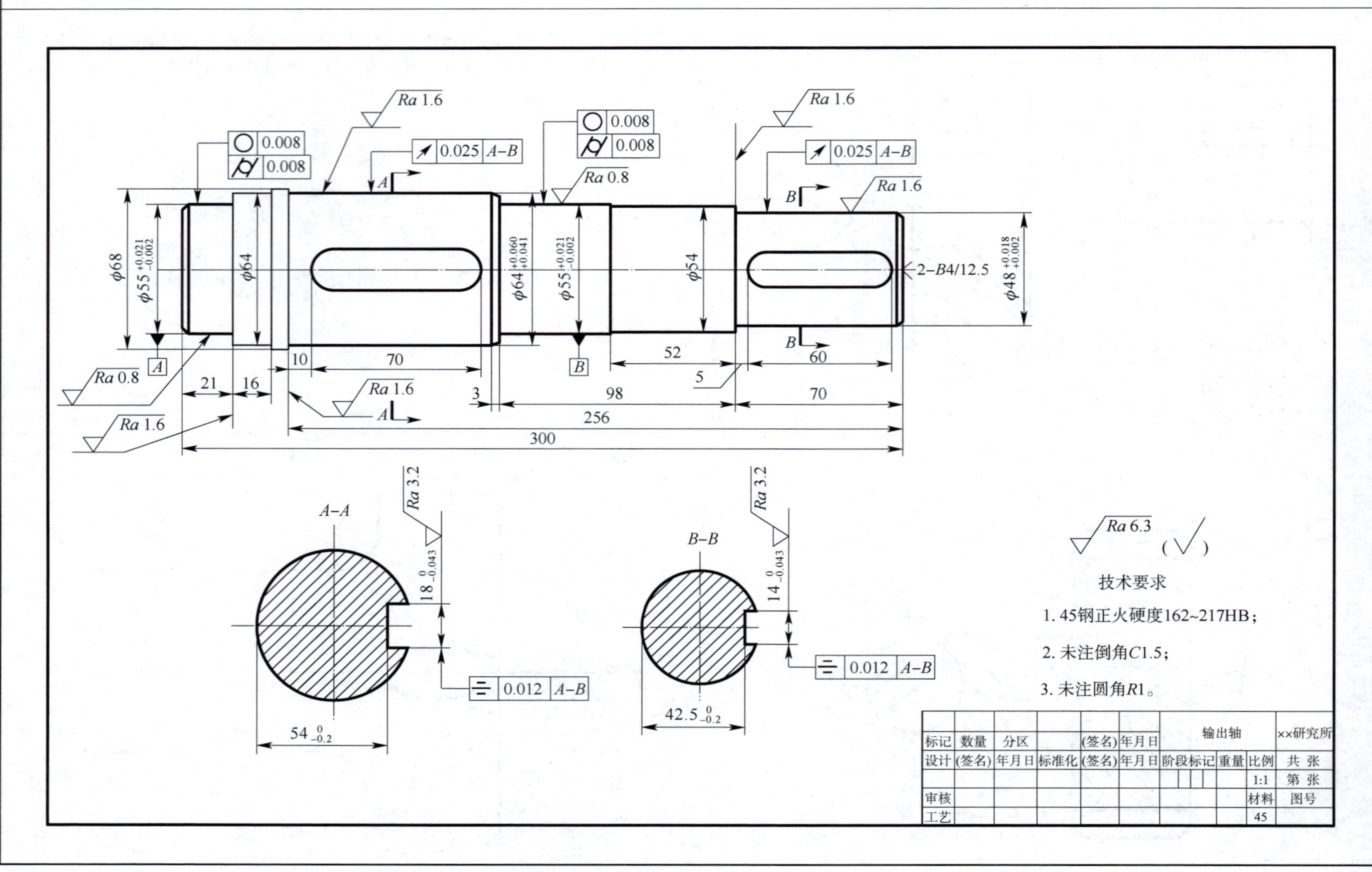

班级：　　　　姓名：　　　　学号：

5.2　根据装配图中所标注的配合尺寸，分别在相应的零件图上标注基本尺寸和公差代代号，并填空

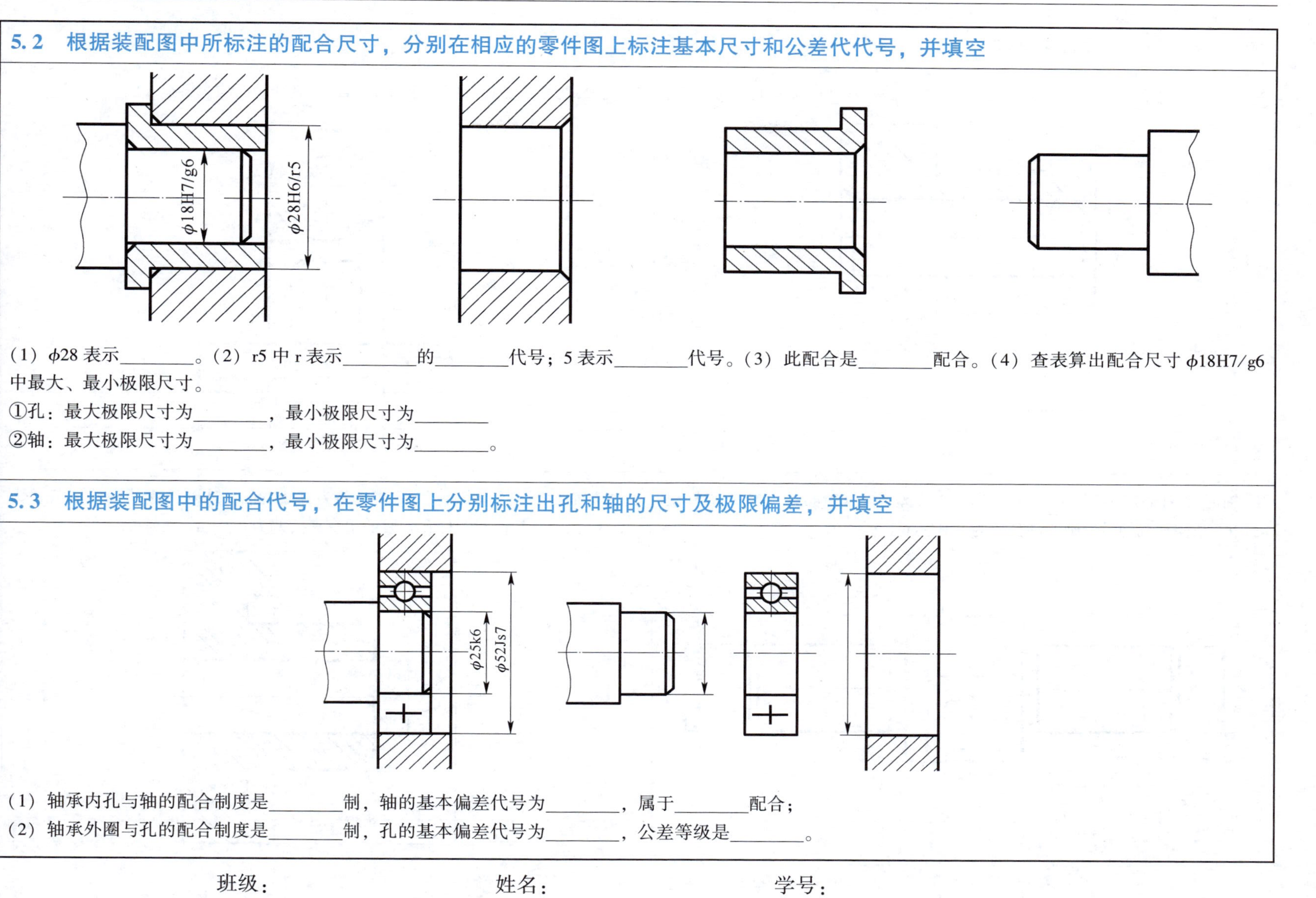

（1）ϕ28 表示________。（2）r5 中 r 表示________的________代号；5 表示________代号。（3）此配合是________配合。（4）查表算出配合尺寸 ϕ18H7/g6 中最大、最小极限尺寸。

①孔：最大极限尺寸为________，最小极限尺寸为________

②轴：最大极限尺寸为________，最小极限尺寸为________。

5.3　根据装配图中的配合代号，在零件图上分别标注出孔和轴的尺寸及极限偏差，并填空

（1）轴承内孔与轴的配合制度是________制，轴的基本偏差代号为________，属于________配合；

（2）轴承外圈与孔的配合制度是________制，孔的基本偏差代号为________，公差等级是________。

班级：　　　　姓名：　　　　学号：

5.4 标注零件表面结构参数

1. 左、右两端面 Ra 为 6.3 μm，孔 Ra 为 3.2 μm，其余 Ra 为 12.5 μm

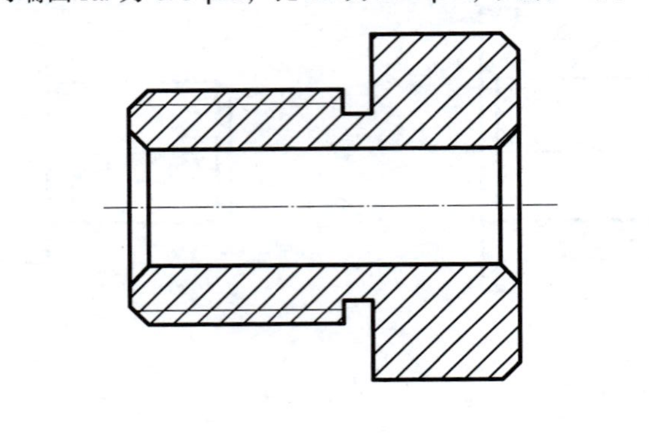

2. 孔 Ra 为 3.2 μm，底面 Ra 为 6.3 μm，其余表面均为铸造表面

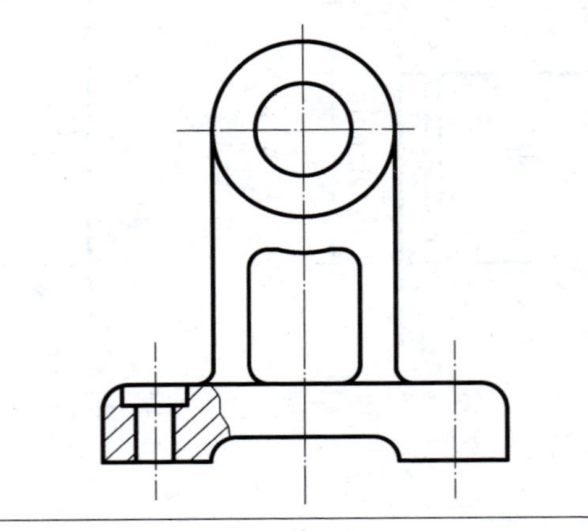

5.5 在图上标出规定的形位公差

1. 轴肩 A 对 ϕ15h6 轴线的端面圆跳动公差为 0.03 mm；ϕ25r7 圆柱对 ϕ15h6 圆柱轴线的径向圆跳动公差为 0.03 mm

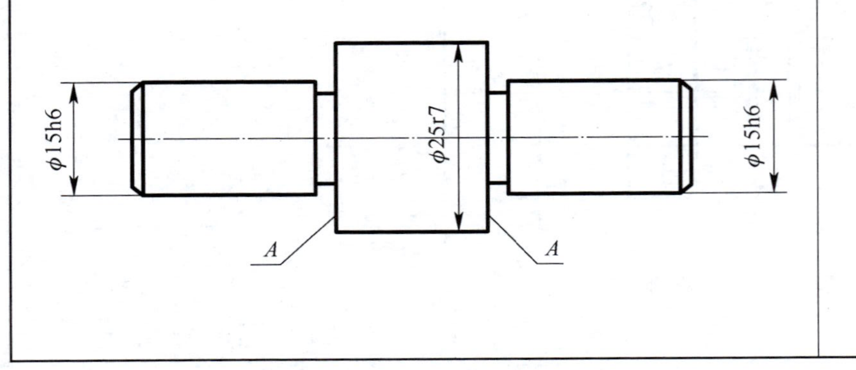

2. 左端面对圆柱孔轴线的圆跳动公差为 0.05 mm；外圆柱面的圆柱度公差为 0.025 mm；右端面对圆柱孔轴线的垂直度公差为 0.04 mm

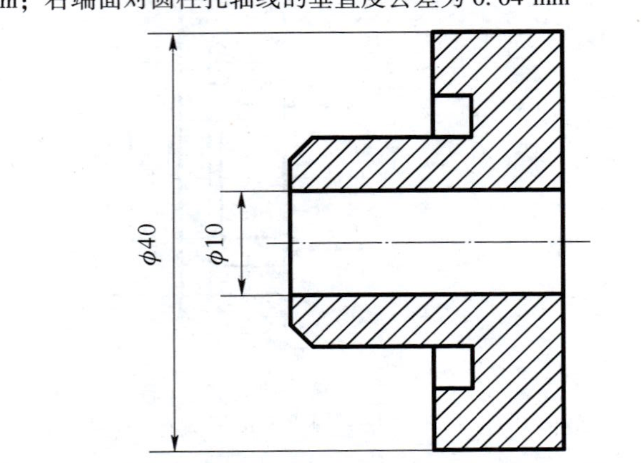

班级：　　　　姓名：　　　　学号：

5.6　读图，分别说明各形位公差的含义

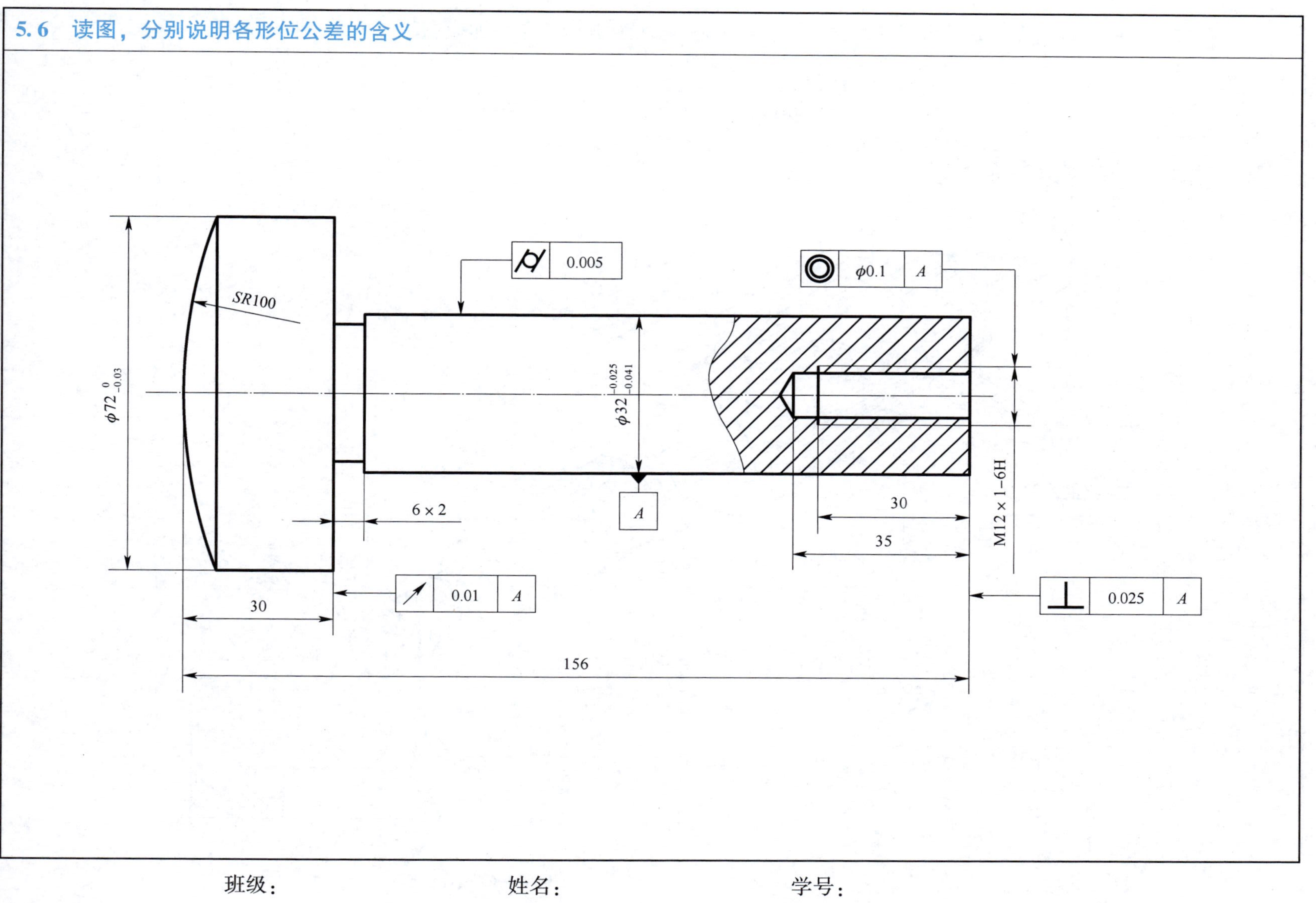

班级：　　　　　　姓名：　　　　　　学号：

5.7 分析传动轴的结构特点，选择合适的表达方法，以 1：1 比例绘制出该传动轴零件图（零件材料 45 号钢）

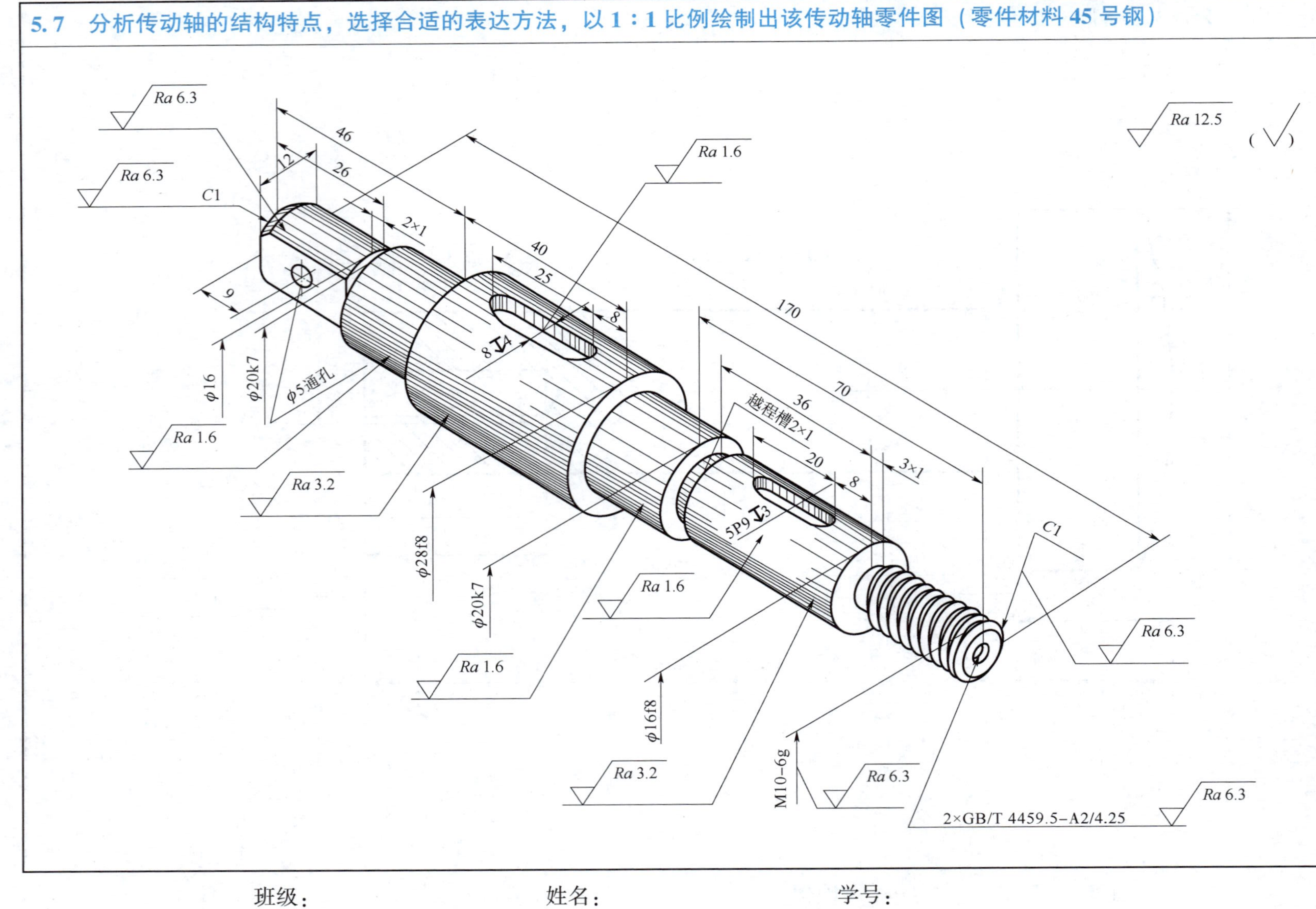

班级：　　　　姓名：　　　　学号：

5.8 读零件图，在指定位置画出右视图并填空

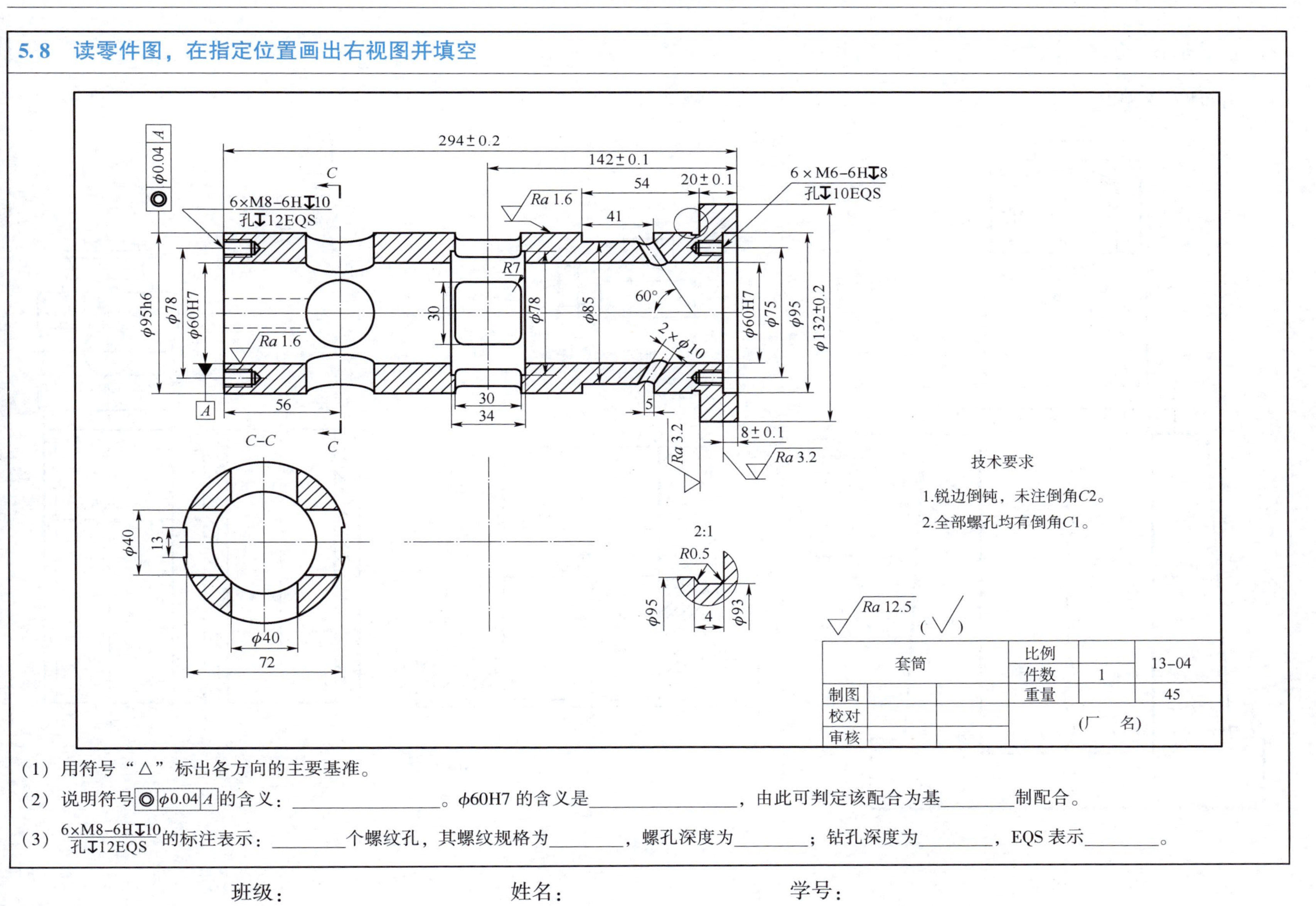

(1) 用符号“△”标出各方向的主要基准。

(2) 说明符号 ◎ϕ0.04 A 的含义：________。ϕ60H7 的含义是________，由此可判定该配合为基________制配合。

(3) 6×M8-6H↧10 / 孔↧12EQS 的标注表示：________个螺纹孔，其螺纹规格为________，螺孔深度为________；钻孔深度为________，EQS 表示________。

班级：　　　　姓名：　　　　学号：

6.1 根据千斤顶装配示意图和零件图，剪贴一张完整的千斤顶装配图

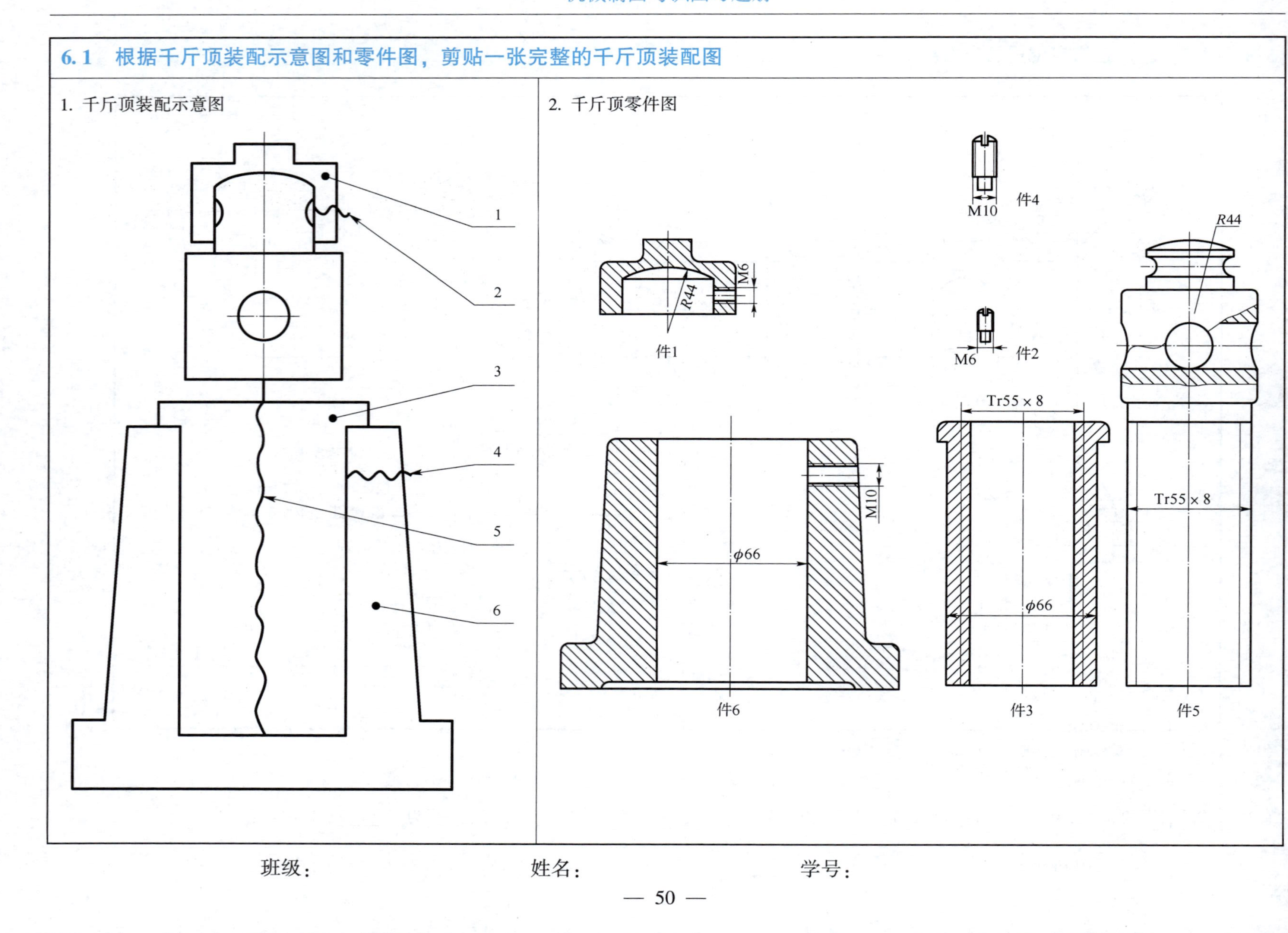

班级：　　　　姓名：　　　　学号：

6.2　根据回油阀装配示意图和所给的零部件图绘制一张完整的回油阀装配图

1. 回油阀装配示意图

回油阀装配

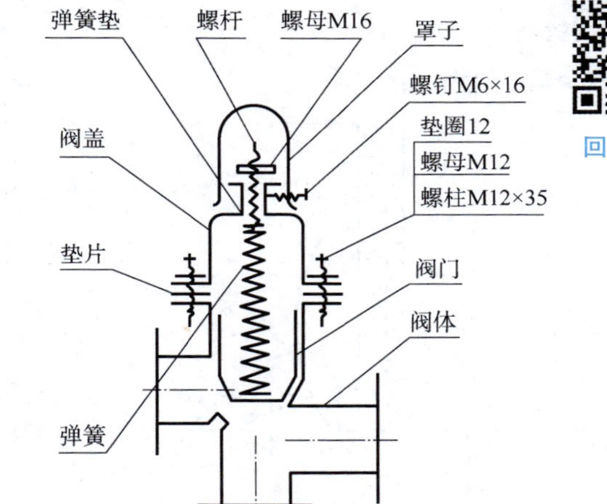

名称	数量	材料
弹簧垫	1	H62
垫片	1	纸板
阀盖	1	ZL102
弹簧	1	65Mn
螺杆	1	35
螺母M16	1	Q235
罩子	1	ZL102
螺钉M6×16	1	Q235
垫圈12	4	Q235
螺母M12	4	Q235
螺柱M12×35	4	Q235
阀门	1	H62
阀体	1	ZL102

2. 回油阀零部件

阀盖

Ra 12.25 (√)

技术要求

未注明铸造圆角$R3$。

班级：　　　　姓名：　　　　学号：

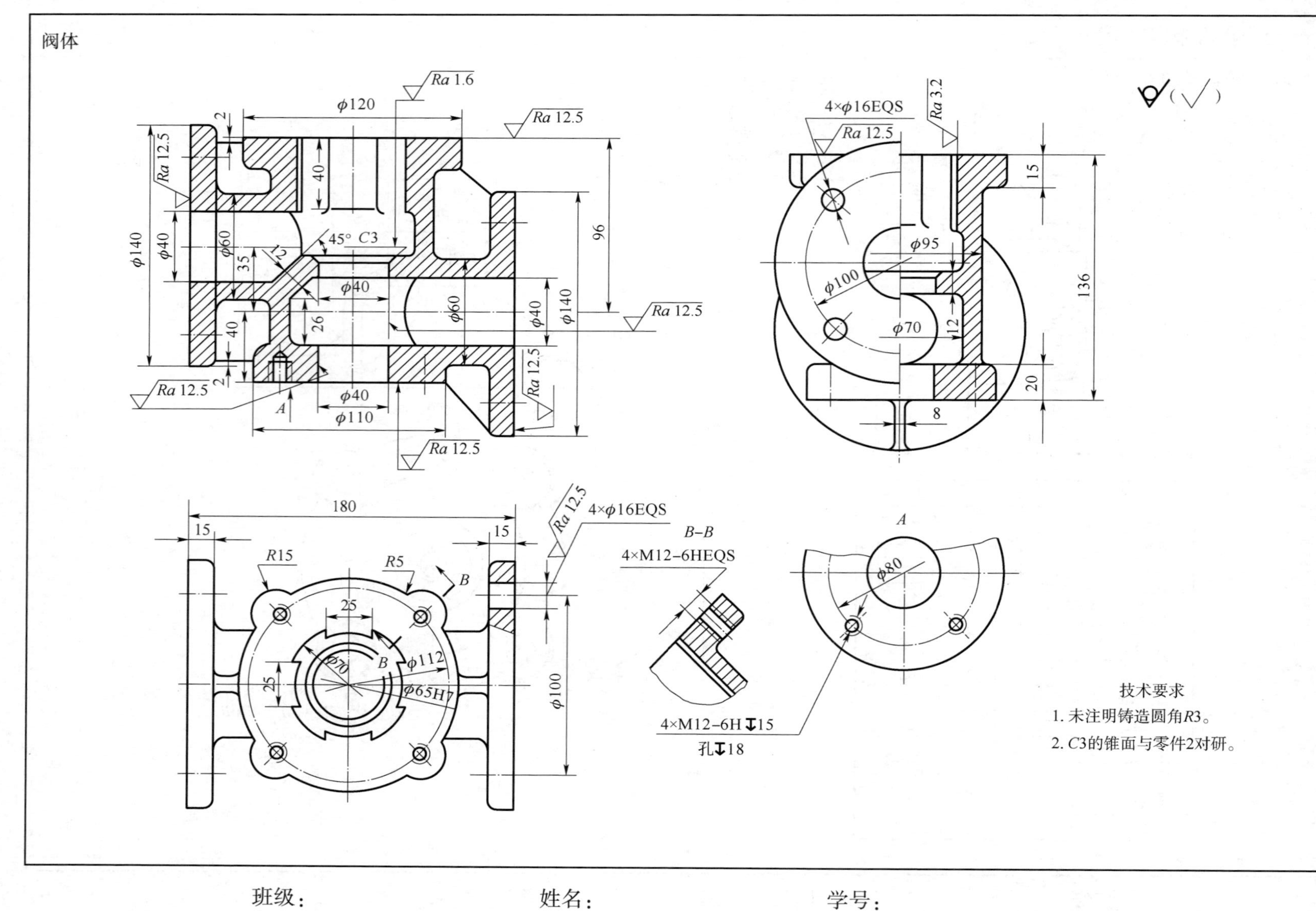
阀体
Ra 1.6
ϕ120
Ra 12.5
2
40
45° C3
12
35
ϕ140
ϕ40
ϕ60
ϕ40
26
ϕ60
ϕ40
ϕ140
96
A
ϕ40
ϕ110
4×ϕ16EQS
Ra 3.2
15
ϕ95
ϕ100
ϕ70
136
20
8
180
R15
R5
B
25
ϕ70
ϕ112
ϕ65H7
ϕ100
B–B
4×M12–6HEQS
4×M12–6H ↧15
孔↧18
ϕ80
技术要求
1. 未注明铸造圆角R3。
2. C3的锥面与零件2对研。

班级： 姓名： 学号：

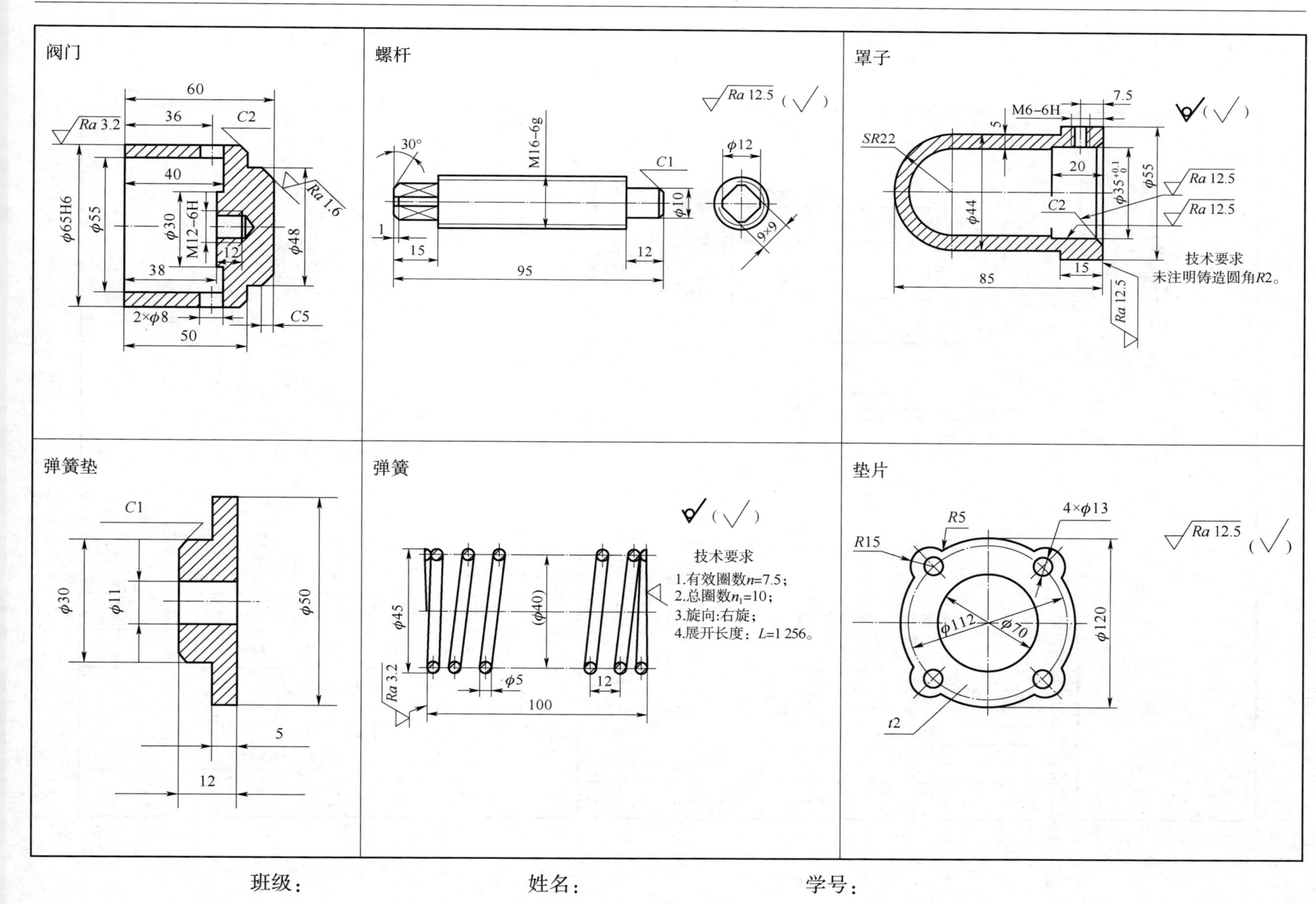

阀门
60
36
C2
Ra 3.2
40
Ra 1.6
φ65H6
φ55
φ30
M12-6H
12
φ48
38
2×φ8
C5
50
螺杆
Ra 12.5 (√)
M16-6g
30°
C1
φ12
φ10
9×9
1
15
95
12
罩子
7.5
M6-6H
5
SR22
20
φ35+0.1 0
φ55
Ra 12.5
Ra 12.5
C2
φ44
技术要求
未注明铸造圆角R2。
15
85
Ra 12.5
弹簧垫
C1
φ30
φ11
φ50
5
12
弹簧
技术要求
1.有效圈数n=7.5；
2.总圈数n1=10；
3.旋向:右旋；
4.展开长度：L=1 256。
φ45
(φ40)
Ra 3.2
φ5
12
100
垫片
R5
4×φ13
Ra 12.5 (√)
R15
φ112
φ70
φ120
t2

班级：　　　　姓名：　　　　学号：

6.3 识读铣刀头装配图，拆画座体零件图

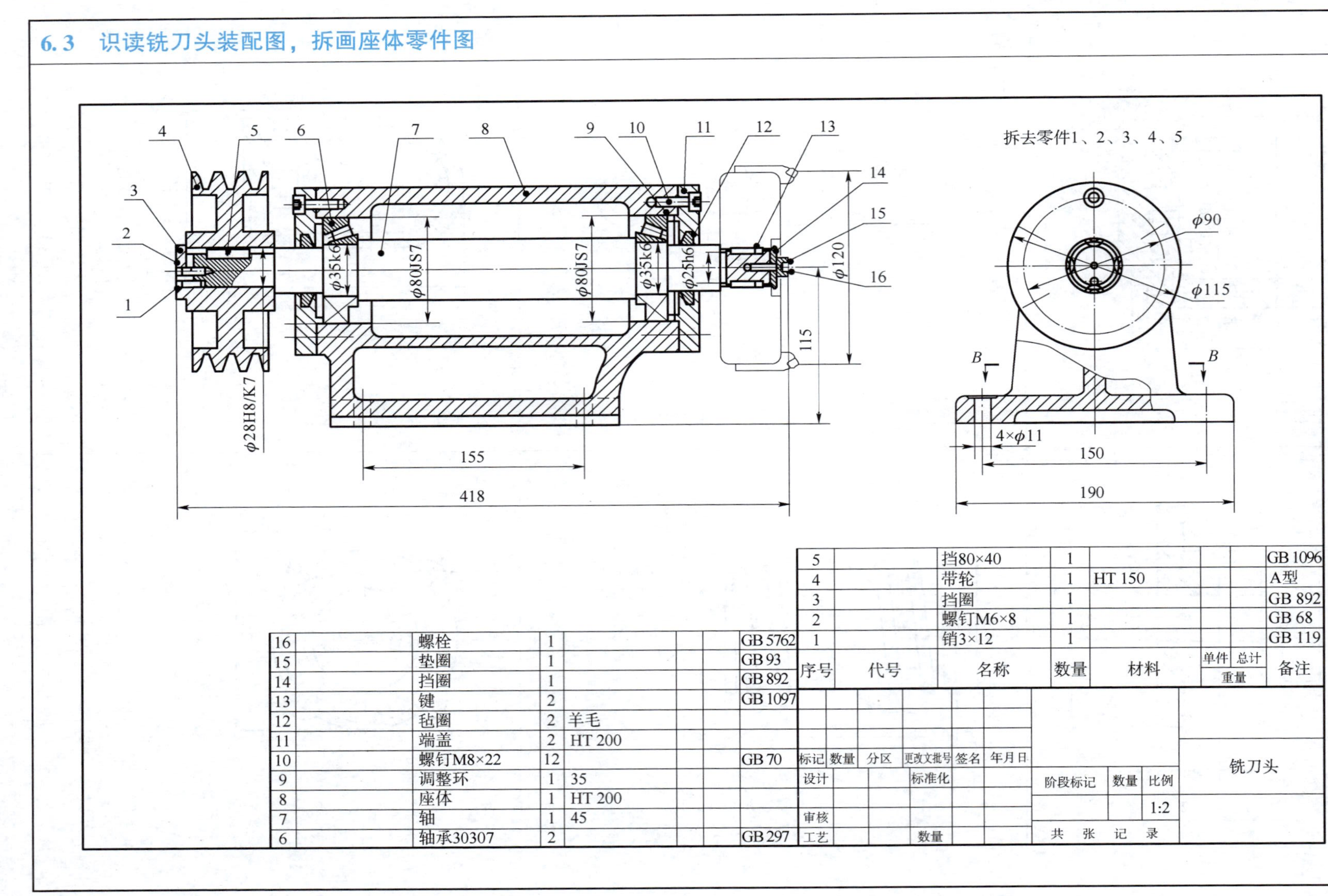

序号	代号	名称	数量	材料	单件重量	总计重量	备注
16		螺栓	1				GB 5762
15		垫圈	1				GB 93
14		挡圈	1				GB 892
13		键	2				GB 1097
12		毡圈	2	羊毛			
11		端盖	2	HT 200			
10		螺钉M8×22	12				GB 70
9		调整环	1	35			
8		座体	1	HT 200			
7		轴	1	45			
6		轴承30307	2				GB 297
5		挡80×40	1				GB 1096
4		带轮	1	HT 150			A型
3		挡圈	1				GB 892
2		螺钉M6×8	1				GB 68
1		销3×12	1				GB 119

班级：　　　　姓名：　　　　学号：